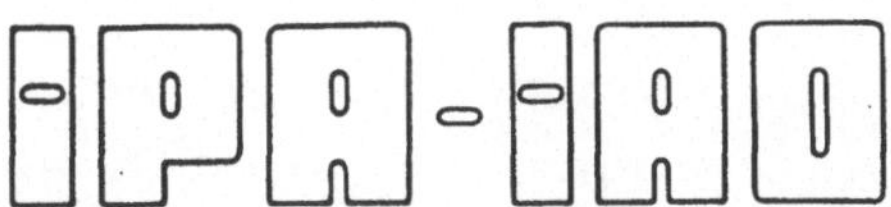 

Forschung und Praxis

Band 238

Berichte aus dem
Fraunhofer-Institut für Produktionstechnik
und Automatisierung (IPA), Stuttgart,
Fraunhofer-Institut für Arbeitswirtschaft
und Organisation (IAO), Stuttgart,
Institut für Industrielle Fertigung und
Fabrikbetrieb der Universität Stuttgart und
Institut für Arbeitswissenschaft und
Technologiemanagement, Universität Stuttgart

Herausgeber: H. J. Warnecke und H.-J. Bullinger

Springer

Berlin
Heidelberg
New York
Barcelona
Budapest
Hongkong
London
Mailand
Paris
Santa Clara
Singapur
Tokio

Erhard Vollmer

Ein simulationsgestütztes Verfahren zur Wirtschaftlichkeitsbestimmung von Fertigungsprozessen mit Stückgutcharakter

Mit 10 Abbildungen und 22 Tabellen

Springer

Dr.-Ing. Erhard Vollmer
Fraunhofer-Institut für Produktionstechnik und Automatisierung (IPA), Stuttgart

Prof. Dr.-Ing. Dr. h. c. Dr.-Ing. E. h. H. J. Warnecke
o. Professor an der Universität Stuttgart
Fraunhofer-Institut für Produktionstechnik und Automatisierung (IPA), Stuttgart

Prof. Dr.-Ing. habil. Dr. h. c. H.-J. Bullinger
o. Professor an der Universität Stuttgart
Fraunhofer-Institut für Arbeitswirtschaft und Organisation (IAO), Stuttgart

D 93

ISBN 978-3-540-62408-0   ISBN 978-3-642-47894-9 (eBook)
DOI 10.1007/ 978-3-642-47894-9

<u>Geleitwort der Herausgeber</u>

Über den Erfolg und das Bestehen von Unternehmen in einer marktwirtschaftlichen Ordnung entscheidet letztendlich der Absatzmarkt. Das bedeutet, möglichst frühzeitig absatzmarktorientierte Anforderungen sowie deren Veränderungen zu erkennen und darauf zu reagieren.

Neue Technologien und Werkstoffe ermöglichen neue Produkte und eröffnen neue Märkte. Die neuen Produktions- und Informationstechnologien verwandeln signifikant und nachhaltig unsere industrielle Arbeitswelt. Polititsche und gesellschaftliche Veränderungen signalisieren und begleiten dabei einen Wertewandel, der auch in unseren Industriebetrieben deutlichen Niederschlag findet.

Die Aufgaben des Produktionsmanagements sind vielfältiger und anspruchsvoller geworden. Die Integration des europäischen Markts, die Globalisierung vieler Industrien, die zunehmende Innnovationsgeschwindigkeit, die Entwicklung zur Freizeitgesellschaft und die übergreifenden ökologischen und sozialen Probleme, zu deren Lösung die Wirtschaft ihren Beitrag leisten muß, erfordern von den Führungskräften erweiterte Perspektiven und Antworten, die über den Fokus traditionellen Produktionsmanagements deutlich hinausgehen.

Neue Formen der Arbeitsorganisation im indirekten und direkten Bereich sind heute schon feste Bestandteile innovativer Unternehmen. Die Entkopplung der Arbeitszeit von der Betriebszeit, integrierte Planungsansätze sowie der Aufbau dezentraler Strukturen sind nur einige der Konzepte, die die aktuellen Entwicklungsrichtungen kennzeichnen. Erfreulich ist der Trend, immer mehr den Menschen in den Mittelpunkt der Arbeitsgestaltung zu stellen - die traditionell eher technokratisch akzentuierten Ansätze weichen einer stärkeren Human- und Organisationsorientierung. Qualifizierungsprogramme, Training und andere Formen der Mitarbeiterentwicklung gewinnen als Differenzierungsmerkmal und als Zukunftsinvestition in *Human Resources* an strategischer Bedeutung.

Von wissenschaftlicher Seite muß dieses Bemühen durch die Entwicklung von Methoden und Vorgehensweisen zur systematischen Analyse, Optimierung der Entscheidungsfindung und Verbesserung des Systems Produktionsbetrieb einschließlich der erforderlichen

Dienstleistungsfunktionen unterstützt werden. Die Ingenieure sind hier gefordert, in enger Zusammenarbeit mit anderen Disziplinen, z. B. der Informatik, der Wirtschaftswissenschaften und der Arbeitswissenschaft, Lösungen zu erarbeiten, die den veränderten Randbedingungen Rechnung tragen.

Die von den Herausgebern geleiteten Institute, das

- Institut für Industrielle Fertigung und Fabrikbetrieb der Universtät Stuttgart (IFF),

- Institut für Arbeitswissenschaft und Technologiemanagement (IAT),

- Fraunhofer-Institut für Produktionstechnik und Automatisierung (IPA),

- Fraunhofer-Institut für Arbeitswirtschaft und Organisation (IAO)

arbeiten in grundlegender und angewandter Forschung intensiv an den oben aufgezeichneten Entwicklungen mit. Die Ausstattung der Labors und die Qualifikation der Mitarbeiter haben bereits in der Vergangenheit zu Forschungsergebnissen geführt, die für die Praxis von großem Wert waren. Zur Umsetzung gewonnener Erkenntnisse wird die Schriftenreihe "IPA-IAO-Forschung und Praxis" herausgegeben. Der vorliegende Band setzt diese Reihe fort.

Dem Verfasser sei für die geleistete Arbeit gedankt, dem Springer-Verlag für die Aufnahme der Schriftenreihe in seine Angebotspalette und der Druckerei für saubere und zügige Ausführung. Möge das Buch von der Fachwelt gut aufgenommen werden.

H. J. Warnecke H.-J. Bullinger

<u>Vorwort</u>

Die vorliegende Arbeit entstand während meiner Tätigkeit als wissenschaftlicher Mitarbeiter am Fraunhofer-Institut für Produktionstechnik und Automatisierung (IPA), Stuttgart.

Dem ehemaligen Direktor des Instituts für Industrielle Fertigung und Fabrikbetrieb der Universität Stuttgart und dem Präsidenten der Fraunhofer-Gesellschaft, Herrn Prof. Dr.-Ing. Dr. h. c. mult. H. J. Warnecke, gilt mein besonderer Dank für die wohlwollende Unterstützung und stete Förderung der Arbeit.

Herrn Prof. Dr.-Ing. habil. H.-J. Bullinger danke ich für das große Interesse und die eingehende Durchsicht der Arbeit.

Herrn Prof. Dr.-Ing. Dipl.-Math. H. Kühnle und Herrn Dr.-Ing. M. Sc. B.-D. Becker danke ich für die fachlichen Gespräche und Ratschläge.

Außerdem möchte ich den Mitarbeitern des IPA danken, die mir bei der Umsetzung und Realisierung der im Rahmen dieser Arbeit entwickelten Konzepte behilflich waren.

Meiner Frau Bernadette und meinen Kindern Moritz und Felix danke ich für ihre Geduld.

Stuttgart, Dezember 1995

Erhard Vollmer

Inhaltsverzeichnis

                                                          Seite

0 Abkürzungsverzeichnis 11

1 Einleitung 14

2 Simulationsgestützte Verfahren zur Wirtschaftlichkeitsbestimmung von Fertigungsprozessen mit Stückgutcharakter 18

   2.1 Wichtige Verfahren zur Wirtschaftlichkeitsbestimmung von
        Fertigungsprozessen 20

   2.2 Kriterien zur Bewertung von Verfahren zur Wirtschaftlich-
        keitsbestimmung von Fertigungsprozessen 23

   2.3 Betrachtung von leistungsbezogenen Verfahren zur Wirtschaft-
        lichkeitsbestimmung durch ereignisdiskrete Simulation 26

   2.4 Betrachtung von wertbezogenen Verfahren zur Wirtschaftlich-
        keitsbestimmung durch kalkulatorische Erfolgsrechnung 29

   2.5 Betrachtung von Verfahren zur Wirtschaftlichkeitsbestimmung
        durch simulationsgestützte Umsatzkostenrechnung 38

3 Zielsetzung der Arbeit 41

4 Aufbau eines Verfahrens zur leistungs- und wertbezogenen Wirtschaftlichkeitsbestimmung von Fertigungsprozessen durch
   Simulation 42

   4.1 Vorgehensweise bei der simulationsgestützten Wirtschaft-
        lichkeitsbestimmung 42

   4.2 Beschreibungssprache zur gegenstandsorientierten
        Modellierung eines Fertigungsprozesses 43

      4.2.1 Entwicklung bewertungsorientierter Aspekte der
             Beschreibungssprache 44

         4.2.1.1 Leistungsbezogene Bewertungsaspekte 44

         4.2.1.2 Wertbezogene Bewertungsaspekte 45

      4.2.2 Entwicklung funktionaler Aspekte der Beschreibungs-
             sprache 47

      4.2.3 Entwicklung struktureller Aspekte der Beschreibungs-
             sprache 49

4.2.3.1   Entwicklung eines Systemmodells.................... 49

4.2.3.1.1   Systematik zur Zuordnung gegenständlicher
Elemente und ihrer Eigenschaften 50

4.2.3.1.2   Systematik zur Zuordnung logischer Elemente
und ihrer Eigenschaften 61

4.2.3.1.3   Systematik zur Zuordnung von Beziehungen und
ihrer Art 69

4.2.3.2   Entwicklung eines Umsatzkostenmodells.............. 70

4.2.4   Entwicklung hierarchischer Aspekte der Beschreibungssprache... 82

4.3   Ausführung der Modelle...................................... 85

4.3.1   Simulation.. 85

4.3.1.1   Entwicklung von Ereignistypen...................... 86

4.3.1.2   Initiierung der Ereignisse......................... 86

4.3.1.3   Verwaltung von Ereignissen......................... 87

4.3.2   Umsatzkostenrechnung................................ 88

4.4   Ablauf der simulationsgestützten Wirtschaftlichkeitsbestimmung... 88

5   Anwendungsbeispiel.. 90

5.1   Das Planungsproblem.. 90

5.2   Beschreibung des System- und Umsatzkostenmodells........... 91

5.3   Durchführung der Simulation................................ 95

5.4   Simulationsergebnisse...................................... 97

6   Zusammenfassung und Ausblick.................................. 99

7   Literaturverzeichnis... 101

0   <u>Abkürzungsverzeichnis</u>

$\mathbb{R}$	Reelle Zahlen
$\sim$	Kennzeichen für Kosten bei Teilkostenrechnung
$\mathbb{N}_0$	Natürliche Zahlen einschließlich Null
A	Abbildung 'Ausschuß'
APL	Abbildung 'Arbeitsplan'
APR	Abbildung 'Austrittspreis'
APR_i	Austrittspreis des Stückguts P_i (für 1 Stück)
BFH	Bundesfinanzhof
BM	Menge der Betriebsmittel
BM, BM_j	Betriebsmittel
BRD	Bundesrepublik Deutschland
DB	Gesamter Deckungsbeitrag
DB_z	Deckungsbeitrag des Fertigungsauftrags FA_z
direct costing	Flexible Grenzplankostenrechnung
Δ_l	Umrüstkennzeichen
$E(x)$	Erlös als Funktion der Menge x
EBM-Waren	Eisen-, Blech-, Metallwaren
EDV	Elektronische Datenverarbeitung
EIN	Einstellautomat
EPR	Abbildung 'Eintrittspreis'
EPR_i	Eintrittspreis des Stückguts P_i (für 1 Stück)
E_z	Erlös des Fertigungsauftrags FA_z
FA	Menge der Fertigungsaufträge
FAP	Abbildung der Fertigungsaufträge in die Menge der Stückgüter
FAS	Fertigungs<u>a</u>uftrags<u>s</u>imulation
FA_z	Fertigungsauftrag
$G,\ G(x)$	Gesamtgewinn
GrS	Großer Senat
G_z	Gewinn des Fertigungsauftrags FA_z
h	Stunde
I	Indexmenge der Stückgüter
JK	Jahreskosten aller Transportmittel
JK_j	Jahreskosten des Betriebsmittels BM_j
K	Indexmenge der Rüstzustände
$K(x)$	Kosten als Funktion der Menge x
K_{BEARB_z}	Bearbeitungskosten des Fertigungsauftrags FA_z

K_{BK_z}	Kapitalbindungskosten pro Stück des Stückguts des Fertigungsauftrags FA_z
KB_z	Kapitalbindung des Fertigungsauftrags FA_z
K_{FERT_z}	Fertigungskosten des Fertigungsauftrags FA_z (Vollkostenrechnung)
K_{MAT_z}	Materialkosten des Fertigungsauftrags FA_z (Vollkostenrechnung)
komp	Komponente
$K_{RÜST_z}$	Rüstkosten des Fertigungsauftrags FA_z
KSB	Abbildung 'Kostensatz Betriebsmittel'
KSB_j	Kostensatz des Betriebsmittels BM_j (Vollkostenrechnung)
K_{TRANS_z}	Transportkosten des Fertigungsauftrags FA_z
K_z	Kosten des Fertigungsauftrags FA_z (Vollkostenrechnung)
L	Indexmenge der Transportlose
LIFO	Last in – first out
m	Meter
M11-Real Time Kostenrechnung	Kostenrechnungsverfahren von PLAUT
Macro-Editor	Werkzeug zur Erstellung eines Befehlssatzes
n_l	Menge des Transportloses TL_l
P	Menge der Stückgüter
$\boldsymbol{P}$	Potenzmenge
p	Kalkulatorischer Zinssatz
P1/P2	Puffer 1, Puffer 2
Π_2	Projektion auf die 2. Komponente
P_i	Stückgut
Plan-G+V	Gewinn und Verlustrechnung (Plan-)
RBM	Abbildung der möglichen Rüstzustände der Betriebsmittel
SER-Erfolgsrechnung	Kostenrechnungsverfahren von STEEB
RBM_j	Menge der möglichen Rüstzustände des Betriebsmittels BM_j
REFA	Verband für Arbeitsstudien
RK_j	Abbildung 'Rüstkosten des Betriebsmittels BM_j'
$RK_{j,K,K'}$	Rüstkosten am Betriebsmittel BM_j beim Umrüsten vom Rüstzustand RK_K auf den Rüstzustand $RK_{K'}$

RZ	Menge der Rüstzustände
$RZ_{i,j}$	Rüstzustand des Stückguts P_i auf dem Betriebsmittel BM_j
RZ_K	Rüstzustand
s	Sekunde
SIM 1...3	Simulationslauf 1...3
SPLIT	Abbildung der Fertigungsaufträge zu Transportlosen
$t_0 \dots t_7$	Diskrete Zeitpunkte
$te_{i,j}$	Einzelzeit des Stückguts P_i auf dem Betriebsmittel BM_j
TL	Menge der Transportlose
t_l	Transportzeit des Transportloses TL_l
TL, TL_l	Transportlos
TM	Transportmittel
t_{sim}	Simulierte Prozeßzeit
$T_{z,1}$	Eintrittszeitpunkt des Fertigungsauftrags FA_z
$T_{z,2}$	Austrittszeitpunkt des Fertigungsauftrags FA_z
$W_z(t)$	Wertschöpfungsfunktion des Fertigungsauftrags FA_z
XA	Abbildung 'Verkaufsmenge'
XA_z	Anzahl der Stückgüter des Fertigungsauftrags FA_z, die verkauft werden können
XP	Abbildung Fertigungsauftrag zu Ist-Menge
XP_z	gefertigte Ist-Menge des Fertigungsauftrags FA_z
Z	Indexmenge der Fertigungsaufträge
ZEJ	Anzahl der Zeiteinheiten in einem Jahr
[ ]	Größte-Ganze-Funktion, Gauß-Klammer
[0,1]	abgeschlossenes Intervall der Reellen Zahlen

1   <ins>Einleitung</ins>

Ein Unternehmen ist nur dann betriebswirtschaftlich erfolgreich[1], wenn das Ziel der Wirtschaftlichkeit[2] auf Dauer verfolgt wird /5, 6, 7/. Wirtschaftlichkeit stellt dabei auch die Grundlage für das Erreichen weiterer Unternehmensziele /5/ dar. Dies gilt für alle betrieblichen Bereiche /8/ und damit auch für den Fertigungsprozeß, auf den das hier zu erörternde rechnergestützte Verfahren[3] bezogen werden soll.

Unter Fertigungsprozeß soll hier der Teil des Produktionsprozesses verstanden werden, in dem ein Gut kontinuierlich oder diskontinuierlich gefördert und bearbeitet und damit mittels physikalischer und/oder chemischer Einwirkung auf einen vorausbestimmten Endzustand gebracht wird /13, 14, 15/.

In Abgrenzung zu Prozessen mit Flüssigkeiten oder Schüttgütern sollen im vorliegenden Zusammenhang Fertigungsprozesse mit Stückgütern betrachtet werden. Die Bezeichnung 'Stückgut' ist nur für Güter, die in kleinen Serien hergestellt werden, verbreitet. Sie

---

[1] Erfolg ist das Ergebnis eines zweckgerichteten Handelns. Nach BROCKHAUS kann dabei psychologischer und betriebswirtschaftlicher Erfolg unterschieden werden. Der psychologische Erfolg ist als ein "Bestätigungserlebnis bei der geglückten Verwirklichung selbstgesteckter Ziele" und der betriebswirtschaftliche Erfolg als ein "Ergebnis der wirtschaftlichen Tätigkeit der Unternehmung" zu verstehen /1/. Der betriebswirtschaftliche Erfolg ist ein Gewinn, wenn die Erlöse höher sind als die Kosten und ein Verlust, wenn die Kosten die Erlöse übersteigen /2/.

[2] Die Wirtschaftlichkeit stellt das Grundprinzip ökonomischen Handelns dar. Nach MÜLLER-MERBACH ist ökonomisches Handeln dadurch gekennzeichnet, daß der Mitteleinsatz und das Ergebnis eines Unternehmens so aufeinander abgestimmt werden, daß ein dadurch definierter Gesamtprozeß optimiert wird. Der Gesamtprozeß ist jeweils situationsbezogen zu spezifizieren, und die Optimierungskriterien sind zielbezogen festzulegen /2/.
Nach BOHR können zur Konkretisierung des Wirtschaftlichkeitsprinzips die wertbezogene (monetär quantifizierte) und leistungsbezogene (monetär nicht quantifizierte) Wirtschaftlichkeit unterschieden werden /3/.
In der vorliegenden Arbeit soll in Anlehnung an /4/ die Ermittlung der Wirtschaftlichkeit des Fertigungsprozesses eines Unternehmens im Zeitablauf, im Vergleich zu Vorgabewerten oder zu Fertigungsprozeßvarianten, erfolgen.

[3] Nach /9/ ist ein Verfahren "die bestimmte Art und Weise", nach der man bei seiner Arbeit vorgeht. Ein Verfahren enthält neben einer Methode die zu seiner Anwendung erforderlichen Aufgabenträger (Mensch) und Hilfsmittel (Rechner, Programme) /10, 11/. Dabei ist eine Methode als ein System von Vorschriften zur Erfüllung von Informations- und Verarbeitungsaufgaben zu verstehen /12/. Im vorliegenden Zusammenhang sollen nur rechnergestützte Verfahren betrachtet werden, weil nur sie die erforderliche hohe Leistungsfähigkeit aufweisen.

soll hier aber auch für die Fließfertigung gelten, da das Wort 'Stückgutcharakter' den Einsatz abzählbarer Güter verdeutlicht /16/.

Um nicht Störungen im nachhinein zu beseitigen, sondern "... Abweichungen bereits zu erkennen, bevor sie sich materialisieren /34/", ist es im Hinblick auf unternehmerische Entscheidungen zur Sicherstellung der Wirtschaftlichkeit eines Fertigungsprozesses notwendig, daß Informationen über die Wirtschaftlichkeit inhaltlich[1] und zeitlich[2] relevant erarbeitet werden und diese gleichzeitig hinreichend genau[3] sind /18, 9, 6/. Dies gilt insbesondere für die wertbezogenen Wirtschaftlichkeitsinformationen, unter denen der Gewinn[4] /5, 21, 22/, sowie für die leistungsbezogenen Wirtschaftlichkeitsinformationen, unter denen zeit- und mengenbezogene Informationen wie Durchsatz und Durchlaufzeit /3, 23, 42/, eine bedeutende Rolle einnehmen.

Zur Bestimmung der Wirtschaftlichkeit sind A-posteriori-[5] und A-priori-Verfahren[6] zu unterscheiden /5, 25/.

Bei A-posteriori-Verfahren zur Bestimmung der wertbezogenen Wirtschaftlichkeit wie der Bilanzrechnung[7], der Gewinn- und Verlust-

---

[1] Inhaltlich relevant sind solche Informationen, die für die optimale Gestaltung der betrieblichen Prozesse notwendig sind /17, 18/. Diejenigen Informationen, die nur unwirtschaftlich erzielt werden können, gehören zur Gruppe der nichtrelevanten Informationen /19/.

[2] Zeitlich relevant sind solche Informationen, die zum richtigen Zeitpunkt zur Sicherstellung der Wirtschaftlichkeit benötigt werden /6/.

[3] Als hinreichend genau sollen Informationen bezeichnet werden, wenn sie in der geforderten Struktur und Detailliertheit entsprechend den Gegebenheiten des zu beurteilenden Prozesses vorliegen /6/, jedoch deren Qualität prinzipiell noch verbesserungsfähig ist.

[4] Die Zielgröße "Gewinn" ist vor allem im Rahmen der strategisch orientierten Ressourcenplanung bei kurzfristiger Betrachtung und somit relativer Konstanz des Eigenkapitaleinsatzes von Bedeutung.
Unter Ressourcenplanung bezeichnet man in der Wirtschaftstheorie die Planung personeller, finanzieller und sachlicher (z. B. Betriebsmittel, Gebäude) Mittel, die dem Unternehmen zur Verfügung stehen. Neben der Zielgröße Gewinn sind der Deckungsbeitrag für taktische und Kosten für operative Entscheidungen von Bedeutung /6/.

[5] A-posteriori-Verfahren sind von der Erfahrung abhängig /5, 24/ und arbeiten hier grundsätzlich als Nachrechnung.

[6] A-priori-Verfahren sind /5, 24/ von der Erfahrung unabhängig und arbeiten hier grundsätzlich als Vorrechnung.

rechnung und der kalkulatorischen Erfolgsrechnung[1] sind die Informationen über eine Wirtschaftlichkeit, die gemäß den Grundsätzen der ordnungsgemäßen Buchführung und den gesetzlichen Bewertungsvorschriften erarbeitet werden, als hinreichend genau zu bezeichnen. Dies gilt auch für A-posteriori-Verfahren zur Bestimmung der leistungsbezogenen Wirtschaftlichkeit, auf der Grundlage der Betriebsdatenerfassung (z. B. Messen). Die Informationen kommen jedoch im Hinblick auf eine proaktive[2] Entscheidungsfindung zu spät, sie dokumentieren nur noch eine gegebene Situation /6, 25/.

Im Gegensatz hierzu kann eine Verbesserung des Mangels der zeitlichen Relevanz durch die frühere Erstellung der Wirtschaftlichkeitsinformationen erreicht werden. Zu den A-priori-Verfahren zählen im Rahmen der Bestimmung der wertbezogenen Wirtschaftlichkeit die planerisch früher erstellte Bilanz (Planbilanz), die Gewinn- und Verlustrechnung (Plan-G+V), die kalkulatorische Planerfolgsrechnung sowie die Investitionsrechnung[3]. Diese Verfahren gleichen zwar das Problem der zeitlichen Relevanz aus, verlieren dabei aber an Genauigkeit[4]. Es können damit nur alle zum Zeitpunkt der Rechnung bekannten Informationen verarbeitet werden, und es fehlen dazu genaue Aussagen über die der Rechnung zugrundeliegenden leistungsbezogenen

---

[7] Die Bilanzrechnung ist die Schlußrechnung vorgelagerter Abrechnungen. "Unter Bilanz versteht man eine stichtagsbezogene, ausgeglichene geldliche Abrechnung einer Wirtschaftlichkeitsperiode /25/".

[1] Die kalkulatorische Erfolgsrechnung dient der Überwachung der Erfolgsentwicklung schon während des Geschäftsjahrs durch die Gegenüberstellung von Kosten und Erlösen. Sie ist auf den sachzielbezogenen Verbrauch von Wirtschaftsgütern gerichtet und kann eigene (nicht an die Zahlungsvorgänge geknüpfte) Wertansätze für die Verbrauchsmengen verwenden /21, 25/.

[2] Der Ausdruck "proaktiv" kennzeichnet den Übergang von einem "reaktiven", nur auf Reaktion auf gegebene Verhältnisse ausgerichteten Entscheidungsverhalten hin zu einem vorausschauenden, antizipitativen Verhalten.

[3] Unter Investitionsrechnung wird eine besonders wichtige Form der Wirtschaftlichkeitsrechnung zur Ermittlung der Vorteilhaftigkeit einzelner oder mehrerer Investitionsobjekte im Vergleich verstanden /21/. In Verbindung mit Nutzwertanalysen /27/ ist sie das bisher wichtigste Hilfsmittel zur Bewertung von Fertigungsprozessen unterschiedlicher Struktur /28/. Hierfür wurden bereits Ansätze für die gesamtheitliche Betrachtung entwickelt /29/. Da der Schwerpunkt des in dieser Arbeit zu entwickelnden Verfahrens nicht ausschließlich auf der wertmäßigen Beurteilung von Fertigungsprozessen liegt, sondern auch Fragen zur optimierten Losgröße oder der Beurteilung des Schichtbetriebs beantwortet werden sollen, kann demnach im folgenden nicht generell von Investitionsrechnung gesprochen werden.

[4] Die Genauigkeit hängt auch bei rechnergestützten Verfaren stark vom Menschen /30/ und die Bewerbung stark von der Qualität des Rechnungsmodells zur Abbildung der Wirklichkeit ab /6/.

Wirtschaftlichkeitsdaten. Diese Daten sind mit herkömmlichen Verfahren wie z. B. Messen im voraus gar nicht oder durch Prognoserechnung nur sehr schwer zu erzeugen.

A-posteriori- und A-priori-Verfahren bieten derzeit keine Lösung zur Erzeugung gleichermaßen relevanter und genauer Entscheidungsinformationen. Zieht man jedoch zur Bestimmung der leistungsbezogenen Wirtschaftlichkeit die Simulation[1] in Betracht, ergeben sich völlig neue Möglichkeiten. Mit der Simulation kann schon heute das zukünftige Leistungsverhalten von Fertigungsprozessen genau bestimmt und optimiert werden /33/. Dabei werden jedoch heute nicht gleichzeitig wertbezogene Wirtschaftlichkeitsdaten ermittelt.

Ein interessanter Lösungsansatz liegt demnach in der geeigneten Auswahl und Kopplung der Verfahren. Daher sollen die Vorteile der Nachrechnung und Vorrechnung im Rahmen einer antizipativen Nachrechnung verknüpft werden. Die vorliegende Arbeit zeigt einerseits, daß dadurch die inhaltliche Relevanz der leistungsbezogenen Information durch die Erweiterung der Simulation um wertbezogene Wirtschaftlichkeitsaussagen verbessert werden kann. Sie zeigt andererseits, daß die Genauigkeit und zeitliche Relevanz der wertbezogenen Information durch die Genauigkeit und zeitliche Relevanz der Ergebnisse von Simulationsverfahren verbessert werden kann.

In dieser Arbeit wird die Machbarkeit dieses Lösungsansatzes untersucht und ein Verfahren hergeleitet, das sich bereits in verschiedenen Praxiseinsätzen bewähren konnte.

---

[1] Nach KOXHOLT /31/ ist Simulation als reine wirklichkeitsrelevante Nachahmung der Wirklichkeit zu definieren. Das Ergebnis angewandter Simulation liefert dabei ein Modell der Wirklichkeit, mit dessen Hilfe Hindernisse überwunden werden können. Nach HICHERT /32/ ist die Simulation ein sukzessives Erstellen einzelner virtueller Planungen zum Zwecke der Variation und Optimierung der Planungsergebnisse. Die Simulation ist der Klasse der experimentellen Verfahren zuzuordnen und soll hier den Ablauf und die Dynamik des Fertigungsprozesses abbilden, um leistungsbezogene Wirtschaftlichkeitsdaten zu erzeugen, die auch Rechnungsbasis für die wertbezogene Wirtschaftlichkeitsbestimmung darstellen.

2 <u>Simulationsgestützte Verfahren zur Wirtschaftlichkeitsbestimmung von Fertigungsprozessen mit Stückgutcharakter</u>

Unternehmen, die Güter mit Stückgutcharakter produzieren, haben in unserem Wirtschaftsraum einen großen Anteil[1] am Bruttosozialprodukt[2] und nehmen damit eine wichtige Rolle ein. Deshalb ist die Überlebensfähigkeit dieser Unternehmen von großer Bedeutung für unsere Volkswirtschaft. Diese kann nur durch betriebswirtschaftlichen Erfolg sichergestellt werden /5/. Dieser ist wiederum nur durch die Berücksichtigung des Grundprinzips ökonomischen Handelns der bereits eingangs besprochenen Wirtschaftlichkeit zu realisieren. Diese Wirtschaftlichkeit wird wesentlich durch die Wirtschaftlichkeit von Fertigungsprozessen mit Stückgutcharakter bestimmt /36/.

Die Bestimmung der Wirtschaftlichkeit soll hier durch eine Rechnung erfolgen, die die Wirtschaftlichkeit des Fertigungsprozesses leistungs- und wertbezogen definiert /3, 5/. Diese Wirtschaftlichkeitsrechnung kann sowohl für bestehende als auch für geplante Fertigungsprozesse durchgeführt werden. Weist die Rechnung keine Wirtschaftlichkeit aus, entsteht Bedarf zur Verbesserung. Verbesserungen werden im Falle bestehender Fertigungsprozesse durch operative Maßnahmen und im Planungsfall durch Planungsaktivitäten umgesetzt. Hier soll nur der Aspekt der Planung betrachtet werden, weil dabei die grundsätzliche Struktur[3] des Fertigungsprozesses festgelegt wird und die größte Möglichkeit der Einflußnahme auf die zukünftige Wirtschaftlichkeit besteht.

---

[1] In Deutschland hat allein das investitionsgüterproduzierende Gewerbe mit Elektrotechnik, Herstellern von Schmiedestücken, EBM-Waren, Büromaschinen, Stahlverformung, Stahlbau, Maschinenbau, Straßenfahrzeugbau, Schiffbau, Luft- und Raumfahrzeugbau und Feinmechanik 1989 einen Anteil von 46,6 % an der Nettowertschöpfung (Faktorkosten) des produzierenden Gewerbes der BRD /35/. Somit hat es auch einen bedeutenden Anteil an Fertigungsprozessen mit Stückgutcharakter. Unter Nettowertschöpfung zu Faktorkosten wird das Volkseinkommen verstanden. Dabei sind Faktorkosten der Bewertungsmaßstab für die Produktionsfaktoren bei ihrem Einsatz /1/.

[2] Das Bruttosozialprodukt stellt das gebräuchlichste Maß für die wirtschaftliche Tätigkeit einer Volkswirtschaft während einer Periode dar. Unter Volkswirtschaft wird die Gesamtheit von wirtschaftlich zusammenhängenden Einzelwirtschaften eines Staatsvolks verstanden /1/.

[3] Unter Struktur sollen hier technische, räumliche und organisatorische Ausprägungen von Fertigungsprozessen verstanden werden.

Aufgrund der Unsicherheit von Informationen im frühen Planungsstadium und den anfänglich vielen Strukturvarianten ist eine gesamtheitliche Betrachtung aus Aufwandsgründen nur möglich, wenn der
Detaillierungsgrad der leistungsbezogenen Wirtschaftlichkeitsbetrachtung eingeschränkt wird. Es ist dabei notwendig, nur diejenigen Eigenschaften des zu beurteilenden Fertigungsprozesses zu berücksichtigen, die für die Bestimmung der Wirtschaftlichkeit wesentlich sind /37/. Zur ganzheitlichen Beurteilung der Wirtschaftlichkeit eines Fertigungsprozesses ist z. B. die Betrachtung der Kinematik eines Roboterarms von untergeordneter Bedeutung. Die Bewegung
des Roboterarms würde vereinfacht höchstens als Bewegung zwischen
zwei Punkten abgebildet werden müssen. Dabei interessiert nur der
Zeitverbrauch der Bewegung, da nur das Ergebnis der Bewegung für den
Erfolg der Fertigungsprozesse bestimmend ist.

Für die weitere Vorgehensweise soll deshalb der Detaillierungsgrad
wie folgt festgelegt werden: Zur leistungsbezogenen Wirtschaftlichkeitsbestimmung betrachtet das Verfahren die Zeit, die ein oder mehrere Prozeßschritte benötigen, um ein angestrebtes Ziel der Fertigung zu erreichen. Ein Gesamtergebnis kann dann durch die Vernetzung
aller Prozeßschritte dargestellt werden.

Im entsprechenden Sinne sollen Stückgüter des Fertigungsprozesses
nicht als Einzelgut sondern als Transportlos[1] bzw. Fertigungsauftrag[2] durch den Prozeß bewegt werden. Zur Bestimmung der Wirtschaftlichkeit sollen Fertigungsprozesse für Güter zunächst durch
Transportlose, Fertigungsaufträge und Zeitschritte beschrieben
werden.

Die wertbezogene Wirtschaftlichkeitsbestimmung beschränkt sich auf
die Auswertung aller über die leistungsbezogene Wirtschaftlichkeitsbestimmung ermittelten Informationen. Dadurch werden nur unmittelbar
prozeßbezogene kostenrelevante Elemente, wie z. B. Meister und
Rechner, berücksichtigt.

---

[1] Summe der gleichzeitig transportierten Stückgüter.

[2] Definierte Anzahl der Stückgüter, für die eine wirtschaftliche Fertigung zu
erwarten ist und die in Transportlosen durch den Fertigungsprozeß bewegt
werden.

Für das weitere Vorgehen sollen aus dem Spektrum der analytischen[1], heuristischen[2] und experimentellen[3] Verfahren die jeweils geeignetsten zur Ermittlung wert- bzw. leistungsbezogener Informationen ausgewählt werden. Darüber hinaus müssen sie im Hinblick auf ihre Anwendung soweit konkretisiert werden, daß der Rechnungszweck ersichtlich wird /38/.

2.1 Wichtige Verfahren zur Wirtschaftlichkeitsbestimmung von Fertigungsprozessen

Die *wertbezogene Wirtschaftlichkeitsbestimmung* wird heute mit Hilfe von einfachen analytischen Verfahren durchgeführt. Diese gliedern sich in statische[4] und dynamische[5] Verfahren /5/. Im folgenden sollen nur statische Verfahren betrachtet werden, da im Bereich der frühen Planung von Fertigungsprozessen mit sehr unsicheren Ausgangsdaten[6] gearbeitet wird und gleichzeitig noch keine Kenntnis über die

---

[1] Die Anwendung der analytischen Verfahren, d. h. mathematisch exakter Verfahren, setzt voraus, daß das zu lösende Problem in ein mathematisches Problem übertragen werden kann, es also möglich ist, die Realität in einem mathematischen Modell abzubilden. Analytische Verfahren können nur statische und einfachere dynamische Sachverhalte beschreiben, finden jedoch dafür das absolute Optimum einer Zielfunktion /38/.

[2] Ist der Rechenaufwand für die Findung einer exakten Lösung nicht mehr vertretbar, müssen heuristische oder Nährungsverfahren angewendet werden. Dabei wird durch die Anwendung bestimmter Vorgehensweisen, die auf der Erfahrung im Zusammenhang mit der Problemlösung beruhen, meist nur ein relatives Optimum, d. h. die bessere von zwei oder mehr Lösungen, durch Vergleich ermittelt /38/.

[3] Zur Lösung von Problemen der Praxis, die, wie z. B. der Fertigungsprozeß, zu kompliziert sind, um sie als ein geschlossenes, lösbares Problem darstellen zu können bzw. eine suboptimale Lösung durch eine Heuristik nicht akzeptierbar ist, können experimentelle Verfahren - also die Simulation - ergänzend zum Einsatz kommen. Das heißt, es wird ein zielgerichtetes Experimentieren an Modellen, die der Wirtschaftlichkeit nachgebildet werden, vorgenommen /31, 38/.

[4] Bei den statischen Verfahren werden Rechenmethoden zugrunde gelegt, die zeitliche Unterschiede beim Anfall der Kosten und Erlöse nicht berücksichtigen. Sie arbeiten meist mit jährlichen Durchschnittswerten, die aus ersten Nutzungsperioden abgeleitet und auf Folgeperioden übertragen werden /5/.

[5] Bei den dynamischen Verfahren werden die zeitlichen Unterschiede beim Anfall der Kosten und Erlöse durch Diskontierung (durch deren differenzierte Verzinsung) wertmäßig berücksichtigt.

[6] Die Ausgangsdaten werden als Planungsgrundlage prognostiziert und festgeschrieben. Die Wahrscheinlichkeit des Eintreffens der Prognose unterliegt großer Unsicherheit, weil sich die heutige Wettbewerbssituation - durch die internationale Vernetzung - dauernd verändert.

zeitliche Stufung des Kapitaleinsatzes[1] besteht. Der Einsatz dynamischer Verfahren ist damit nicht zweckmäßig /5/.

Innerhalb der statischen Verfahren sind die Rentabilitäts-[2], Amortisations-[3], Kostenvergleichs-[4] und Gewinnvergleichsrechnung[5] zu unterscheiden /5/. Da die Kostenvergleichsrechnung als Sonderfall der Gewinnvergleichsrechnung mit konstantem Erlös zu sehen ist und somit keinen absoluten Maßstab zur Beurteilung des Fertigungsprozesses darstellt, soll im Rahmen dieser Arbeit die Gewinnvergleichsrechnung weiterverfolgt werden. Verstärkend kommt hinzu, daß die Amortisationsrechnung und die Rentabilitätsrechnung auf die Ergebnisse der Kostenvergleichs- bzw. Gewinnvergleichsrechnung aufbauen /5/. Die Ermittlung des Gewinns erfolgt immer in doppelter Weise durch die pagatorische Erfolgsrechnung[6] in der Finanzbuchhaltung und die kalkulatorische Erfolgsrechnung[7] in der Betriebsbuchhaltung /40, 16/.

---

[1] Unter Kapitaleinsatz werden die Investitionssumme für die Beschaffung oder die Kosten für die Herstellung des benötigten Anlage- oder Umlaufvermögens verstanden. Diese werden in einem dynamischen Verfahren über mehrere Stufen zu entsprechenden Zeitpunkten berücksichtigt /5/.

[2] Mit Hilfe der Rentabilitätsrechnung erfolgt die Bildung einer Rangreihe von Projekten bei Kapitalknappheit /5, 39/.

[3] Die Amortisationsrechnung ermöglicht eine Risikobetrachtung im Hinblick auf die Liquiditätssituation und den Kapitalverlust /5/.

[4] Bei der Kostenvergleichsrechnung werden zur Beurteilung der Wirtschaftlichkeit alle während der Nutzungsdauer entstehenden Kosten von Prozessen mit gleichem Erlös verglichen. Bei Prozessen mit unterschiedlichem Erlös reicht eine Kostenvergleichsrechnung nicht aus /5/.

[5] Bei der Gewinnvergleichsrechnung wird der Gewinn als oberstes Ziel und als Maß für die Wirtschaftlichkeit herangezogen. Nach dem Beschluß des großen Senates des BFH vom 26.06.1984 (GrS 4/82) ist Gewinnerzielungsabsicht das "Streben nach Betriebsvermögen in Form eines Totalgewinns". Der Gewinn ragt beim Erwerbsstreben als relevante Ausdrucksform neben "persönlichen Gründen" als dominante Kraft heraus /6/. Die Gewinnvergleichsrechnung wird vorzugsweise zur Beurteilung von Fertigungsprozessen mit unterschiedlichem Erlös herangezogen /5/. Der Gewinn dient vor allem zur Beurteilung von Einzelprozessen, Auswahl- und Ersatzproblemen /39/.

[6] Unter pagatorischer Erfolgsrechnung wird die Gewinnermittlung mit Hilfe der Bilanzrechnung und der Gewinn- und Verlustrechnung verstanden.
Die Gewinnermittlung durch Bilanzrechnung erfolgt zu einem Stichtag mit Hilfe einer Gegenüberstellung von Vermögen und Kapital und durch Gewinn- und Verlustrechnung durch die Gegenüberstellung von Einnahmen und Ausgaben einer Periode /25, 40/.

[7] Unter kalkulatorischer Erfolgsrechnung wird die Gewinnermittlung mit Hilfe der Kosten- und Leistungsrechnung verstanden. Die Kostenrechnung hat die Aufgabe der Betriebsabrechnung und Selbstkostenrechnung. Die Betriebsabrechnung erfaßt die Kostenarten und verrechnet sie auf Kostenstellen (z. B. Verwaltungskosten), die Selbstkostenrechnung ermittelt die Selbstkosten der Kostenträger.

Die pagatorische Erfolgsrechnung braucht hier nicht weiterverfolgt werden, da in dieser Arbeit der Schwerpunkt nicht auf der Strukturierung der Kapital- und Vermögenswerte und nicht auf der Gestaltung des Finanzplans sondern auf der wirtschaftlichen Gestaltung von Fertigungsprozessen liegen soll. Das Streben nach kalkulatorischem Gewinn stellt dabei das relevante Maß zur Wirtschaftlichkeitsbestimmung eines Fertigungsprozesses dar /21/.

Zur Bestimmung der *leistungsorientierten Wirtschaftlichkeit* können dagegen analytische Verfahren keine Anwendung finden. Komplexe Zusammenhänge, z. B. zur Auslegung eines Fertigungsprozesses, können heute bei begrenzten Rechenzeiten nicht ausreichend genau und zeitlich relevant abgebildet werden /41/. Auch heuristische Verfahren sind für die geforderte gesamtheitliche Betrachtung nicht geeignet, da sie nur spezielle Aufgabenstellungen berücksichtigen /41/.

Die leistungsbezogene Wirtschaftlichkeit eines Fertigungsprozesses kann jedoch durch ereignisorientiertes, experimentelles Betreiben von Modellen, also durch Simulation, ermittelt werden /33/.

Bei der ereignisorientierten Simulation[1] wird der Fertigungsprozeß als Sequenz von Teilprozessen dargestellt. Der Beginn und das Ende der Teilprozesse sind durch Zustandsveränderungen, d. h. das Auftreten von Ereignissen, gekennzeichnet.

Zur Verbesserung der Qualität der A-priori-Wirtschaftlichkeitsbestimmung müssen zukünftige Fertigungsprozesse zur leistungsbezogenen Wirtschaftlichkeitsbestimmung in ihren dynamischen Zusammenhängen genau und zeitlich relevant abgebildet und bewertet werden. Dies gilt auch im Hinblick auf ihre Funktion als Eingangsgröße für die wertbezogene Wirtschaftlichkeitsbestimmung. Eine Möglichkeit zur

---

Die Leistungsrechnung hat die Aufgabe, die Höhe der faktisch angefallenen oder geplanten bewerteten Güterentstehung festzustellen. Der kalkulatorische Gewinn ergibt sich aus der Differenz der Erfolgskomponenten Leistung und Kosten durch die Gegenüberstellung von Erlös und Kosten /25/.

[1] Diese Art der Simulation soll hier eine endliche Anzahl Zustände der Systemkomponenten mit diskretem Zeitraster abbilden. Jedem Teilschritt kann ein Zeitverbrauch zugeordnet werden. Das bedeutet, daß sich der Systemzustand beim Auftreten von Ereignissen, die auf einem Zeitstrahl verwaltet werden, ändert. Diese Vorgehensweise schafft erhebliche Vereinfachungen bei der Simulation eines Fertigungsprozesses und läßt die Simulation schneller als in Realzeit ablaufen /33/.

Lösung bieten leistungsfähige[1] Simulationsverfahren. Dadurch wird gleichzeitig die wertbezogene Wirtschaftlichkeitsbestimmung durch kalkulatorische Erfolgsrechnungsverfahren genauer und zeitlich relevanter und darüber hinaus die Wirtschaftlichkeit des Verfahrenseinsatzes verbessert /33, 7, 43, 44/. Hierzu siehe auch Bild 10.

2.2 Kriterien zur Bewertung von Verfahren zur Wirtschaftlichkeitsbestimmung von Fertigungsprozessen

Zur Bewertung und Überprüfung der ausgewählten Verfahren hinsichtlich der Aufgabenstellung ist zunächst ein Schema zu erstellen, mit dessen Hilfe die vergleichende Bewertung erfolgen soll. Dabei wird vor allem die Qualität der durch die Verfahren gelieferten Ergebnisse besonders hoch gewichtet /45/. Entscheidend für den Einsatz eines Verfahrens zur Wirtschaftlichkeitsbestimmung von Fertigungsprozessen ist auch die Wirtschaftlichkeit des Verfahrenserwerbs[2] und des Verfahrenseinsatzes[3] selbst /45/.

Zur Beurteilung der Wirtschaftlichkeit des Verfahrenseinsatzes sollen die Verfahren anhand der Kriterien "Aufwand"[4] und "Aussagefähigkeit"[5] bewertet werden /31/. Der Aufwand und die Aussagefähigkeit müssen im Hinblick auf die Beschreibungselemente[6] und den Einsatz des Verfahrens untersucht werden, da hier von einer

---

[1] Unter leistungsfähigen Simulationsverfahren sollen hier diejenigen verstanden werden, die schnell Ergebnisse liefern und die auf Veränderungen der Aufbau- und Ablaufstrukturen flexibel reagieren können.

[2] Wirtschaftlichkeitsüberlegungen zum Verfahrenserwerb sollen hier nicht verfolgt werden, da die Ergebnisse stark von marktpolitischen Gegebenheiten sowie der individuellen Ausgangssituation eines Unternehmens abhängen.

[3] Der Einsatz eines Verfahrens ist dann wirtschaftlich, wenn die dadurch anfallenden Kosten kleiner als der erarbeitete Nutzen sind. Dabei entspricht der Nutzen dem Erwartungswert der Kosten, die durch Fehler ohne den Verfahrenseinsatz entstünden /46/.

[4] Unter Aufwand sollen hier alle Ausgaben und Kosten durch den Betrieb des Verfahrens verstanden werden /33/.

[5] Unter Aussagefähigkeit soll hier der spezifische Nutzen eines Verfahrens beschrieben werden /33/.

[6] Beschreibungselemente werden als Elemente einer Beschreibungssprache, also einer Programmiersprache, verwendet. Die Elemente der Sprache bauen ein Modell auf und gehorchen dabei entsprechend den Worten einer menschlichen Sprache einer bestimmten Syntax und Semantik /33/.

Zweiteilung des Einsatzes im Rahmen der Modellerstellung und im Rahmen der Ergebnisgewinnung ausgegangen wird. Der Aufwand und die Aussagefähigkeit eines Verfahrens können in Anlehnung an BECKER und MEFFERT durch die folgenden Unterkriterien (Tabelle 1) zusammengefaßt werden /18, 6, 26, 33/:

	Aufwand	**Aussagefähigkeit**
Beschreibungselemente des Verfahrens	- Anschaulichkeit - Überschaubarkeit - Leistungsfähigkeit - Einfachheit	- Richtigkeit - Eindeutigkeit - Vollständigkeit
Einsatz des Verfahrens	- Anschaulichkeit - Überschaubarkeit - Leistungsfähigkeit - Einfachheit	- Relevanz - Genauigkeit

Tabelle 1: Kriterien zur Bewertung von Verfahren zur Wirtschaftlichkeitsbestimmung

Betrachtet man die *Beschreibungselemente des Verfahrens*, so erhöht die Anschaulichkeit[1] das Verständnis für das Modell. Sie reduziert damit die Einlern- und Modellierzeit /33/. Eine geringe Anzahl und Einfachheit der Elemente macht die Sprache überschaubar und verringert die Fehleranfälligkeit.

Eine hohe Leistungsfähigkeit ist dann erreicht, wenn eine große Anzahl von Anwendungsfällen mit einer geringen Anzahl von Sprachelementen abgedeckt werden kann. Die Einfachheit der Sprachelemente impliziert einen geringen Aufwand für die Modellerstellung. Eine hohe

---

[1] Nach BÜCHEL /47/ wird unter Anschaulichkeit die formale äußere Verwandtschaft der abzubildenden realen Elemente des Fertigungsprozesses mit den Elementen der Beschreibungssprache und der realen Abläufe mit den Steuerungen verstanden /47/.
Eine Steuerung dient dazu, den Materialfluß korrekt zu steuern. Abhängig von Zuständen der Modellelemente müssen im Hinblick auf bestimmte Zwecke Operationen ausgeführt werden. Damit ist das Verändern von Attributen der Modellelemente, der Existenz, der Zusammensetzung und des Orts von Elementen gemeint.

Richtigkeit[1], Eindeutigkeit[2] und Vollständigkeit[3] implizieren nur geringe Abweichungen des Modells vom realen System. Dadurch wird insgesamt die Aussagefähigkeit der Beschreibungselemente verbessert.

Für den Bereich des *Verfahrenseinsatzes* bedeutet Anschaulichkeit, daß die Methoden und Hilfsmittel für den Anwender einfach zu verstehen und mit wenig Fehlern anwendbar sind. Die Überschaubarkeit ist dann gegeben, wenn nur wenige Methoden und Hilfsmittel beim Einsatz des Verfahrens benötigt werden. Eine hohe Leistungsfähigkeit stellt sicher, daß die Variabilität der Informationen mit der Veränderung des Fertigungsprozesses gewährleistet ist. Die Einfachheit vermindert die Einlern- und Vorbereitungszeit des Verfahrenseinsatzes und impliziert einen geringen Eingabeaufwand.

Bei der Beurteilung der Aussagefähigkeit der Ergebnisse beim Einsatz des Verfahrens stehen die Relevanz und die Genauigkeit im Vordergrund. Betrachtet man die Relevanz, müssen die inhaltliche und die zeitliche Relevanz der Verfahrensinformation unterschieden werden. Die Aussagefähigkeit ist dann hoch, wenn das Verfahren die Informationen liefert, die zur Beurteilung der Wirtschaftlichkeit von Fertigungsprozessen nützlich bzw. notwendig sind /5, 17, 6/. Insbesondere müssen sie zum richtigen Zeitpunkt zur Sicherstellung der Wirtschaftlichkeit des Fertigungsprozesses ermittelt werden /6/.

Betrachtet man die Genauigkeit, so ist die Aussagefähigkeit dann hoch, wenn die gelieferten Informationen des Verfahrens in der geforderten Struktur und Detailliertheit entsprechend den Gegebenheiten des zu beurteilenden Fertigungsprozesses hinreichend genau vorliegen /6/.

---

[1] Unter Richtigkeit der Verfahrenskonzeption wird nach BÜCHEL die inhaltlich innere Verwandtschaft der abzubildenden Strukturen und Prozesse mit den Sprachelementen und Steuerungen verstanden /47/.

[2] Unter Eindeutigkeit wird nach BÜCHEL die Eindeutigkeit der Beschreibung von Elementen und Steuerungen verstanden /47/.

[3] Unter Vollständigkeit soll die Tatsache verstanden werden, daß bei einem begrenzten Elementevorrat jeweils immer richtige und eindeutige Elemente als Stellvertreter für reale Elemente gefunden werden können.

2.3   <u>Betrachtung von leistungsbezogenen Verfahren zur Wirtschaft-
lichkeitsbestimmung durch ereignisdiskrete Simulation</u>

Zur leistungsbezogenen Wirtschaftlichkeitsbestimmung von Fertigungsprozessen durch ereignisdiskrete Simulation[1] muß der zu beurteilende
Fertigungsprozeß mit Hilfe eines Modells[2] abstrakt modelliert werden
/31/. Bei den abstrakten Modellen wird abhängig von der Semantik der
Modellierung grundsätzlich zwischen Strukturmodellen[3], Verhaltensmodellen[4] und Funktionsmodellen[5] unterschieden /49/. Im Hinblick
auf spezielle Anwendungen gelingt es jedoch in der Regel nicht, ein
zu lösendes Problem im Vorfeld einer Untersuchung einem bestimmten
Modelltyp zuzuordnen. Es ist deshalb für den Anwendungsfall ein geeignetes Modell zur Lösung eines Problems auszuwählen oder aufzu-
bauen.

Zum Aufbau von Modellen stehen spezielle Beschreibungssprachen zur
Verfügung. Es sind dabei zustandsorientierte und gegenstandsorientierte Beschreibungssprachen zu unterscheiden. Mit zustandsorien-
tierten Beschreibungssprachen bildet der Benutzer einen Fertigungsprozeß nur mit Daten einer Zustands- und Zustandsübergangsbeschreibung ab, die für einen bestimmten Gegenstand einer Untersuchung relevant sind.

---

[1] Simulation soll hier als ereignisdiskret verstanden werden, da für die hier
vorliegende Anwendung das Modell des Fertigungsprozesses in seinem Grundablauf
aus Schritten besteht, die jeweils durch Ereignisse veranlaßt werden.

[2] HICHERT beschreibt ein Modell als ein die Zusammenhänge vereinfachendes An-
schauungsobjekt, das in einigen, für die Aufgabenstellung wichtigen Eigenschaften einem Original gleicht. Ein Modell, das speziell auf die Bedürfnisse
der simulationsgestützten Wirtschaftlichkeitsbestimmung als leistungsbezogenes
Modell entwickelt wird, soll hier als Systemmodell bezeichnet werden /32/.

[3] Durch Strukturmodelle werden für wirkende Einflußgrößen analoge Einflußgrößen
festgelegt und es wird ein dem System entsprechendes, analoges Strukturmodell
entwickelt. Durch das Strukturmodell wird die Gestalt festgelegt. Es muß die
Menge der Elemente wie auch deren Struktur berücksichtigt werden. Ein Strukturmodell ermöglicht nur eine einfache Abbildung eines Fertigungsprozesses.

[4] Bei Verhaltensmodellen wird das zu untersuchende System als Regelstrecke betrachtet und deren Übertragungsverhalten durch die Messung von z. B. Frequenz-
gängen bzw. Übergangsfunktionen bestimmt /49/. Die Analogie zwischen Modell
und Realität bezieht sich dabei auf die Identität des Verhaltens der in den
Fertigungsprozeß eintretenden und austretenden Stückgüter; die innere Struktur
wird durch dieses Verhalten nicht eindeutig festgelegt.

[5] Die Funktion von Funktionsmodellen ergibt sich aus den Elementen und der Funktion der Elemente und aus den Beziehungen und der Art der Beziehungen /49/.

Petri-Netze[1] stellen die Grundlage für die bekannteste zustandsorientierte Beschreibungssprache dar. Diese bietet aufgrund der geringen Anzahl von Elementen zwar eine große Überschaubarkeit, hat aber eine zu geringe Anschaulichkeit, so daß die zustandsorientierte Beschreibungssprache hier nicht weiterverfolgt wird.

Bei gegenstandsorientierten Beschreibungssprachen werden zur Verbesserung der Anschaulichkeit die Gegenstände eines Fertigungsprozesses als anschauliche Elemente angeboten. Diese Elemente enthalten bereits fest vorgegebene Zustands- und Verhaltensbeschreibungen. Ein Modell aus solchen Elementen besitzt dann allerdings mehr Informationsgehalt als für spezielle Untersuchungen notwendig wäre und fördert die inhaltliche Relevanz. Diese Redundanz wird dabei gerne in Kauf genommen, da diese Elemente wesentlich einfacher einzusetzen sind und einfach durch vorgegebene Attribute[2] und Steuerungen[3] beschrieben werden können.

Bei den gegenstandsorientierten Beschreibungssprachen muß wiederum die unterprogrammorientierte[4] und die parameterorientierte[5] Modellerstellung unterschieden werden.

---

[1] Die Petri-Netze /50/ bieten dem Benutzer allgemeine Elemente zur Zustands- und Zustandsübergangsbeschreibung an. Mit zwei Elementen, Stelle (Kreis) und Transition (Rechteck), müssen hierbei Netzwerkmodelle abgebildet werden.
Stellen können Marken und damit beliebige Daten aufbewahren und somit einen beliebigen Zustand eine gewisse Zeit aufrechterhalten.
Transitionen enthalten eine vom Benutzer frei eingebbare Bedingungsabfrage, die nach dem Eintreffen einer Marke und der Vorgabe einer bestimmten Zeit abgefragt wird. Diese bestimmt eine Maßnahme, die sofort ausgeführt wird.

[2] Attribute sind Parameter (z.B. Länge, Durchlaufzeit), die die Elemente eines Fertigungsprozesses in ihren Eigenschaften spezifizieren.

[3] Steuerungen enthalten Regeln, die das Verhalten der Elemente determinieren. Eine Steuerung liegt dann vor, wenn ein Prozeß beeinflußt wird, ohne daß dafür eine Rückmeldung erfolgt. Im Gegensatz dazu wird von Regelung gesprochen, wenn eine Rückmeldung der Prozeßgrößen auf die Regeleinwirkung erfolgt.
Grundsteuerungen definieren ein Grundverhalten, das den Sprachelementen bereits bei der Systementwicklung mitgegeben wurde. Anwendersteuerungen beschreiben das für den jeweiligen Anwendungsfall angepaßte Spezialverhalten, das erst durch den Benutzer eingegeben werden kann. Elemente mit Steuerungen werden als aktive Elemente, Sprachelemente nur mit Attributen als passive Elemente bezeichnet /33/.

[4] Bei der Unterprogrammmodellierung gibt es zur Beschreibung von Elementen der Fertigung jeweils Unterprogramme, die z. B. in FORTRAN-Programme eingebunden werden. Das durch den Benutzer jeweils zu erstellende Modell bildet ein Programm, das erst nach dem Übersetzen und Binden lauffähig ist.

[5] Bei der parametrischen Modellierung wird das gesamte Modell nur durch Parameter beschrieben, die auf einem Datensatz abgelegt werden. Bei der Simulationsdurchführung wird der Modelldatensatz eingelesen und interpretiert. Ein Über-

Die Modellerstellung durch Unterprogramme soll hier nicht betrachtet werden, da sie sehr zeitaufwendig und ohne Programmierkenntnisse nicht möglich ist und einen zu hohen Aufwand erzeugt. Diese Bedingung erfüllt jedoch die parameterorientierte Modellerstellung.

Gegenstandsorientierte, parametrische Simulationsverfahren sind schon in großer Zahl entwickelt worden (siehe Tabelle 2):

<table>
<tr><td>– CREATE</td><td>– MUSIK</td></tr>
<tr><td>– DOSIMIS</td><td>– SAME</td></tr>
<tr><td>– EKSTASE</td><td>– SEE WHY</td></tr>
<tr><td>– FAD</td><td>– SIFLA</td></tr>
<tr><td>– FASIM</td><td>– SIMFACTORY</td></tr>
<tr><td>– FASTSIM</td><td>– SIMFLEX</td></tr>
<tr><td>– GISA</td><td>– SIMKIT</td></tr>
<tr><td>– GRAFSIM</td><td>– SIMPLE++</td></tr>
<tr><td>– HOCUS</td><td>– SIMPRO</td></tr>
<tr><td>– IMMS</td><td>– SIMU</td></tr>
<tr><td>– INSIMAS</td><td>– SIMULAP</td></tr>
<tr><td>– MAP1</td><td>– TRANSSIM</td></tr>
<tr><td>– MODELLMASTER</td><td>– WITNESS</td></tr>
<tr><td>– MOSYS</td><td>– XCELL</td></tr>
</table>

Tab. 2: Simulationswerkzeuge mit gegenstandsorientierten, parametrischen Beschreibungssprachen /33/

Der Anwender kann bei diesen Verfahren zwar parametrisch die Eigenschaften der Elemente und die Steuerungen, aber nicht die Sprachelemente an sich, verändern. Zur Abbildung komplexer Modellbereiche mit speziellen Eigenschaften können im allgemeinen die elementaren Bausteine zu Komplex-Bausteinen zusammengefügt werden (z. B. CREATE, SIMPLE++, SIMPRO). Komplexe Steuerungen werden aus den Steuerungsbausteinen, die durch Programmierung oder Entscheidungstabellen[1] erstellt wurden, zusammengesetzt.

---

setzen und Binden ist nicht mehr nötig, d. h., die Modellerstellungszeit wird erheblich reduziert. Bei Änderungen am Modell wird nur ein neuer Datensatz editiert, mit dem die Simulation gestartet wird.

[1] In einer Entscheidungstabelle werden Bedingungen in jeglicher Form kombiniert und jede Kombination einer ausgewählten Aktionskombination zugeordnet. Entscheidungstabellen werden z. B. bei SIMPLE mit Hilfe eines Macro-Editors erstellt und können im Ein- bzw. Ausgang einer Anlage oder als übergeordnete Steuerung vorkommen.

Die dabei angestrebte hohe Genauigkeit des implementierten Verfahrens durch die realitätsnahe Abbildung, z. B. von Steuerungen durch Entscheidungstabellen, schränkt allerdings die Leistungsfähigkeit zur schnellen Aufbereitung von leistungsorientierten Wirtschaftlichkeitsdaten ein. Im Hinblick auf die Wirtschaftlichkeitsbestimmung von Fertigungsprozessen weisen diese Verfahren Nachteile auf. Bei großen Modellen sind mit der geforderten gesamtheitlichen Betrachtung zu lange Modellierungs- und Simulationszeiten verbunden. Außerdem fällt ein zu hoher Einlernaufwand an. Ein Simulationsexperte ist erforderlich.

Der denkbare Ausbau der bestehenden Systeme ist einerseits sehr aufwendig und verspricht andererseits nicht die erhofften Verbesserungen. Das Verfahren SIMPLE++ beispielsweise ist aufgrund seines sehr allgemeinen Aufbaus für den hier betrachteten strategischen Zusammenhang zu detailliert. Das ebenfalls bekannte Verfahren GPSS hingegen wäre zu programmierintensiv. Beide Systeme eignen sich nicht für den vorliegenden Fall, da bei beiden die zielbezogene Aussagefähigkeit durch zu lange Vorbereitungszeiten erkauft werden muß und der Anwender einer Wirtschaftlichkeitsbetrachtung von Fertigungsprozessen selbst meist kein Simulationsexperte ist.

2.4 Betrachtung von wertbezogenen Verfahren zur Wirtschaftlichkeitsbestimmung durch kalkulatorische Erfolgsrechnung

Die Bestimmung des kalkulatorischen Erfolgs, im folgenden als Gewinn bezeichnet, erfolgt durch die Ermittlung der Differenz[1] aus den zu Markt-[2] oder Lenkpreisen[3] bewerteten, hier auf den Fertigungsprozeß bezogenen Zweckleistungen (Erlös) und dem bewerteten leistungsbedingten Güter- und Kapitalverbrauch (Kosten) /6/. Dabei ist eine optimale oder befriedigende Lösung anzustreben /6/.

---

[1] Es gilt: G(x) = E(x) - K(x), wobei G den Erfolg als Gewinn oder Verlust, E den Erlös und K die Kosten als Funktion der Menge x darstellen.

[2] Marktpreise können dort eingesetzt werden, wo die Leistung unmittelbar vom Markt bezogen werden kann. D. h., die Preise der Konkurrenz sind bekannt /8/.

[3] Lenkpreise werden durch das eigene Unternehmen festgesetzt für Leistungen, die von Dritten weder angeboten noch gekauft werden /51, 8/.

Da der Gewinn an sich ein zu abstraktes, nicht operationales Ziel[1] darstellt, wird in der Regel das Gewinnziel in die Teilziele Erlös, als positive Gewinnkomponente, und Kosten, als negative Gewinnkomponente, aufgesplittet /6/.

Eine entscheidungsrelevante Bestimmung der Erlös- sowie der Kostenkomponente ist auf die relevanten Erfolgsbestimmungsfaktoren "Menge"[2] und "Wert"[3] ausgerichtet.

Dazu muß der Erfolgsfaktor "Menge" zur Bestimmung des Erlöses und der Kosten ermittelt werden. Dabei wird zur Bestimmung des Erlöses die Anzahl der durch den Fertigungsprozeß durchgesetzten Stückgüter bzw. Fertigungsaufträge mit der gewünschten Qualität herangezogen. Zur Bestimmung der Kosten fließt die Anzahl der produzierten Stückgüter bzw. Fertigungsaufträge in die Berechnung ein. Auf die Bestimmung der Menge soll an dieser Stelle nicht näher eingegangen werden, da die Mengenbestimmung in dieser Arbeit simulationsgestützt erfolgen soll und dies hier nicht Gegenstand einer Diskussion der wertbezogenen Wirtschaftlichkeitsbetrachtung ist.

Parallel zur Bestimmung des Erfolgsfaktors "Menge" muß dazu die Bestimmung des Erfolgsfaktors "Wert" erfolgen, der zur Bestimmung des Erlöses als Preis und zur Bestimmung der Kosten als beschäftigungsabhängiger[4] Wert entwickelt werden muß. Auf die Bestimmung des Preises soll hier nicht eingegangen werden, da dies ein eigenes Wissenschaftsziel darstellt und die Bestimmung stark von der Konjunktur-, Wettbewerbs- und dadurch Entscheidungssituation abhängt /25/.

Zur Bestimmung der beschäftungsabhängigen Kosten wird, um ein möglichst wirklichkeitsgetreues zahlenmäßiges Abbild der Kosten zu er-

---

[1] In bestimmten Entscheidungssituationen kommt es bei gleichzeitiger Variabilität der Erlös- und Kostensituation nachweislich zu Konflikten mit dem Gewinnziel. Deshalb stellen bisher in der Regel zum Durchsetzen des Erlöszieles die Kosten und umgekehrt zum Durchsetzen des Kostenziels der Erlös ein Fixum dar /6/.

[2] Die Menge stellt hier die Bezugsgröße als Einflußgröße dar, zu der sich beschäftigungsabhängige Preise und Kosten proportional verhalten sollen /52/.

[3] Der Wert soll eine Lenkung im Hinblick auf die optimale Verwendung von Wirtschaftsgütern bewirken und drückt sich als Preis oder Kosten aus.

[4] Ziel ist es z. B., entsprechend der situativen Nutzungsintensitäten Kostensätze zu ermitteln, anhand derer, entsprechend der anteiligen Nutzungszeit, ein Fertigungsauftrag eine Werterhöhung erfährt.

halten, ein geeignetes Kostenrechnungsverfahren[1] ausgewählt und auf
die Problemstellung ausgerichtet. Dieses Kostenrechnungsverfahren
muß auslastungsabhängig Kostensätze ermitteln und als Zeitrechnung
für den gesamten Fertigungsprozeß bzw. als Stückrechnung für das
Stückgut oder den Fertigungsauftrag Kosteninformationen zur Verfügung stellen. Im folgenden sollen deshalb Kostenrechnungsverfahren
im Hinblick auf die Bestimmung des kalkulatorischen Gewinns anhand
der vorliegenden Kriterien diskutiert werden. Diese lassen sich im
wesentlichen nach den Merkmalen Zeitbezug, Veränderlichkeit und Zurechenbarkeit gliedern /25, 53/.

Nach dem zeitlichen Bezug sind dabei die Ist[2] und Plankostenrechnung[3] voneinander zu unterscheiden. Bei der Plankostenrechnung müssen dabei noch die Prognosekostenrechnung[4] und die Standardkostenrechnung[5] unterschieden werden. Die Istkostenrechnung ist im
Hinblick auf eine wirksame Kostenkontrolle ungeeignet, da sie keine
Vergleichswerte in Form von Sollwerten liefert. Die Standardkostenrechnung erlaubt zwar eine Kostenkontrolle, die jedoch unbefriedi-
gend ist, weil sie auf der Grundlage von Vergangenheitswerten entwickelt wird und durch die Abweichung des Beschäftigungsgrads vom
Standardbeschäftigungsgrad zu Differenzen führt.

Bei der Prognosekostenrechnung, im weiteren mit dem Oberbegriff
"Plankostenrechnung" bezeichnet, fließen die Vergangenheitswerte

---

[1] Die Kostenrechnung dient der Kontrolle der Wirtschaftlichkeit des Prozesses
der Leistungserstellung. Dabei hat die Betriebsabrechnung die Kostenarten zu
erfassen und sie auf Kostenstellen zu verrechnen. Die Selbstkostenrechnung hat
die Selbstkosten der Kostenträger zu ermitteln /25/. Die Kostenrechnung wird
vielfach als Ermittlungsmodell bezeichnet. Beim Weglassen der Art der zu be-
stimmenden Kosten beschränkt sich die Kostenrechnung auf die Durchführung von
Rechenoperationen zur Feststellung aussagekräftiger Kennzahlen /39/. Die
Kostenrechnung soll hier im wesentlichen den Teil erfassen, der durch die Belange der Leistungserstellung des Fertigungsprozesses verursacht wird.

[2] Die Istkostenrechnung wird als Nachrechnung durchgeführt und hat die Ermittlung der faktisch entstandenen Kosten zum Ziel /25/.

[3] Die Plankostenrechnung wird als Vorrechnung durchgeführt und soll die Kosten
zukünftiger wirtschaftlicher Sachverhalte ermitteln. Im Rahmen der Plankostenrechnung werden auch die Abweichungen zwischen Plan- und Istkosten ermittelt
/25/.

[4] Die Informationen der Prognosekostenrechnung bilden Konsequenzen betrieblicher
Strategien ab und dienen der Planung.

[5] Die Informationen der Standardkostenrechnung dienen der Steuerung und Kontrolle des Unternehmensprozesses. Die Kosten werden auf der Grundlage einer
Optimalbeschäftigung ermittelt und als Norm vorgegeben.

nicht in die Prognose mit ein, da die Kosten aus Bezugsgrößen und Wertansätzen auf der Basis technischer Berechnungen und spezieller Studien (z. B. Vorgabezeitermittlung) ermittelt werden /54/. Das Rechnungsziel besteht darin, die erwarteten tatsächlichen Kosten zu ermitteln, die eine wesentliche Komponente der wertmäßigen Wirtschaftlichkeit des Fertigungsprozesses darstellen.

Nach der Anpassungsfähigkeit an Veränderungen der Kosteneinflußgrößen müssen starre[1] und flexible[2] Plankostenrechnungen unterschieden werden. Wegen der Nichtberücksichtigung der Abhängigkeit der Kosten vom Beschäftigungsgrad[3] ist im Rahmen einer starren Plankostenrechnung keine wirksame Kostenkontrolle möglich, weil eine Umrechnung von der Plan- auf die Ist-Beschäftigung nicht erfolgt. Damit liegt im Hinblick auf die Beschreibungselemente und den Einsatz eine mangelnde Leistungsfähigkeit und eine mangelnde Richtigkeit bzw. Genauigkeit vor. Der Einsatz einer starren Plankostenrechnung eignet sich deshalb nicht zur simulationsgestützten Kontrolle der Wirtschaftlichkeit des Fertigungsprozesses. Im folgenden sollen deshalb nur noch flexible Plankostenrechnungen in Betracht gezogen werden, da die Ermittlung der Kosten - in Abhängigkeit des Beschäftigungsgrads - durch den Rechnereinsatz erleichtert wird.

Nach der Zurechenbarkeit der Kosten auf die Kostenträger (Stückgüter bzw. Fertigungsaufträge) müssen die Vollkosten-[4] und die Teilkostenrechnung[5] unterschieden werden.

---

[1] Bei starren Plankostenrechnungen werden die Kosten für einen Beschäftigungsgrad bestimmt.

[2] Bei flexiblen Plankostenrechnungen werden die Kosten für mehrere Beschäftigungsgrade bestimmt.

[3] Unter Beschäftigungsgrad ist die Ausprägung der während einer Periode realisierten oder zu realisierenden Leistung, z. B. gemessen an der Ausbringungsmenge /25/, zu verstehen.

[4] Bei der Vollkostenrechnung werden die gesamten Kosten auf die Kostenträger verteilt. Dabei werden die Einzelkosten direkt, die Gemeinkosten jedoch über die Kostenstellenrechnung proportionalisiert und zugerechnet /25/.

[5] Bei der Teilkostenrechnung wird lediglich ein Teil der anfallenden Kosten auf die Kostenträger verrechnet /25/. Bei der Teilkostenrechnung auf der Basis variabler Kosten entspricht dies den beschäftigungsvariablen Kosten einschließlich der beschäftigungsvariablen Gemeinkosten.

Die Vollkostenrechnung genügt wegen der künstlichen Proportionalisierung fixer Kosten[1] nicht dispositiven Aufgaben, vor allem nicht zur kurzfristigen Annahme oder Ablehnung von Fertigungsaufträgen, und erfüllt somit nicht das Kriterium der Genauigkeit. Sie ist im Hinblick auf die Aussagefähigkeit jedoch unerläßlich für die Stückkostenermittlung zur Gestaltung der Preispolitik /25, 55/ und fördert die Relevanz.

Die Mängel der Vollkostenrechnung führten zu der Entwicklung der Teilkostenrechnung zur Gewinnung von Informationen für kurzfristige Entscheidungen[2]. Nach dem Umfang der Kostenzurechnung wird zwischen Teilkostenrechnungen auf der Basis variabler Kosten[3] und relativer Einzelkosten[4] differenziert. Wichtige Unterschiede sind im verwendeten Kostenansatz[5], im Maßstab der Beschäftigung, in der Zuordnung von Lohnkosten und Abschreibungen und der Zurechnung der variablen echten Gemeinkosten[6] zu sehen /25/.

Eine wichtige Erscheinungsform der Teilkostenrechnung auf der Basis variabler Kosten ist im deutschsprachigen Raum die flexible Grenzplankostenrechnung[7] von PLAUT, die dem "direct costing" aus dem

---

[1] Fixe Kosten bleiben bei der Variation der Kosteneinflußgröße konstant.

[2] Als kurzfristige Entscheidungen müssen genannt werden: Bestimmung des Produktions- und Absatzprogramms, des Produktionsverfahrens, der Preisgrenzen für Überlegungen zu Eigenfertigung und Fremdbezug oder zur Aufnahme oder Einstellung der Herstellung von Produkten.

[3] Bei Teilkostenrechnungen auf der Basis variabler Kosten liegt eine Trennung der Kosten in variable und fixe Anteile vor. Als variabel werden die Kosten bezeichnet, die sich bei der Variation der Kosteneinflußgröße ändern.

[4] Als relative Einzelkosten werden die Kosten bezeichnet, die einer Bezugsgröße direkt zurechenbar sind. Eine geeignete Hierarchie von Bezugsgrößen läßt es nach RIEBEL zu, alle Kosten als Einzelkosten zu erfassen /56/.

[5] Bei der Bewertung des Güter- und Dienstleistungsverbrauchs kann zwischen wertmäßigem und pagatorischen Ansatz unterschieden werden. Das Ziel der Verwendung des wertmäßigen Ansatzes ist, den Kostenwert als Maßausdruck für die Vorteilhaftigkeit der Verwendung von Ressourcen einzusetzen. Dem Kostenwert kommt dabei die Gewichtung des Ressourcenverbrauches zu, d. h., es wird der Preis als Wertansatz zugeordnet, durch den eine optimale Verwendung erreicht wird /25/.

[6] Zu den variablen echten Gemeinkosten gehören die Kosten, welche einer Produkteinheit nicht zurechenbar sind, deren Höhe aber mit der Zahl der erstellten Produkte schwankt /25/.

[7] Bei der flexiblen Grenzplankostenrechnung werden die je Fertigungsauftrag direkt erfaßbaren und zurechenbaren Einzelkosten abgetrennt, die zur Ausbringungsmenge proportional sind. Gleichzeitig werden die verbleibenden Gemeinkosten auf die Kostenstellen umgerechnet, wo diese in bezugsgrößenfix und bezugsgrößenvariabel aufgespalten werden. Grenzkosten nennt man die Kosten-

amerikanisch-englischen Sprachraum entspricht. Bei der Grenzplankostenrechnung werden lineare Beziehungen zwischen Kosten und deren
Bestimmungsgrößen unterstellt, so daß die Grenzkosten gleich den
variablen Kosten pro Stück sind. Dies gilt nicht bei nichtlinearen
Kostenfunktionen.

Eine wichtige Erscheinungsform auf der Basis relativer Einzelkosten
ist das Verfahren der relativen Einzelkostenrechnung von RIEBEL.
Soweit es wirtschaftlich[1] zu rechtfertigen ist, sollen darin sämtliche Kosten als Einzelkosten erfaßt und ausgewiesen werden. Verzichtet man auf die Erfassung der Einzelkosten, entstehen unechte
Gemeinkosten, die auf jeden Fall getrennt ausgewiesen werden sollen.
RIEBEL fordert den völligen Verzicht auf die Schlüsselung echter Gemeinkosten und die Proportionalisierung von fixen Kosten. Dadurch
würde die Kostenstruktur des Fertigungsprozesses verschleiert und
deshalb Fehlentscheidungen verursacht.

Bei den Teilkostenrechnungssystemen wird durch die eingeschränkte
Betrachtung eines Fertigungsprozesses aufgrund der aktivitäts- und
nicht gleichzeitig informationsprozeßorientierten Betrachtung die
flexible Grenzplankostenrechnung der relativen Einzelkostenrechnung
vorgezogen. Sie gewährleistet auch eine bessere - hier angestrebte -
prozeßnahe Kontrolle und somit Leistungsfähigkeit hinsichtlich Kosten, Deckungsbeitrag und Gewinn /53, 57/.

Für die Entwicklung eines simulationsgestützten Kostenrechnungs-
verfahrens zur Beurteilung der wertbezogenen Wirtschaftlichkeit
eines Fertigungsprozesses muß zur Abdeckung der Entscheidungs-
probleme sowohl eine Voll- als auch eine Teilkostenrechnung
durchgeführt werden, da erst durch deren Kombination die Intensivie-
rung der Kostenkontrolle, das Kriterium der Genauigkeit und der
inhaltlichen Relevanz, erfüllt wird.

Die gewünschte Gewinnbestimmung kann durch die dazu auf die Struktur
und Dynamik des Fertigungsprozesses auszurichtende flexible Planko-

---

änderung, die bei der Variation einer Kosteneinflußgröße um eine Einheit
erfolgt.

[1] Die Messung von z. B. Strom oder Kleinmaterial ist grundsätzlich an jeder
Kostenstelle möglich, jedoch oft unwirtschaftlich, weil die dazu notwendigen
Meßgeräte sehr teuer sind.

stenrechnung mit dem Gesamtkosten-[1] oder Umsatzkostenverfahren[2] verfolgt werden. In einer Analyse marktgängiger analytischer Kostenrechnungsverfahren /58/, die größtenteils im Rahmen einer kurzfristigen Erfolgsrechnung Aussagen zum Gewinn eines Fertigungsprozesses machen können, wurde festgestellt, daß dieser Gewinn vielfach durch Umsatzkosten- sowie Gesamtkostenverfahren ermittelt wird. Das heißt, daß vor allem die Beschreibungselemente der Verfahren leistungsfähig sind und dadurch eine hohe Vollständigkeit ausweisen.

Da beim Gesamtkostenverfahren die Kosten nicht auf die Fertigungsaufträge verteilt werden, liefert es keine Informationen über die fertigungsauftragsorientierten Kosten und Gewinne, so daß hier dem Umsatzkostenverfahren aufgrund der zielbezogenen, besseren inhaltlichen Relevanz der Vorzug gegeben werden muß. In Verbindung mit dem oben beschriebenen Kostenrechnungsansatz genügt es den genannten Kriterien.

Die bei der Umsatzkostenrechnung notwendige Untergliederung nach Stückgütern bzw. Fertigungsaufträgen hat bei der doppelten Buchführung umfangreiche und komplizierte Verrechnungen zur Folge. Erschwerend kommt hinzu, daß eine Gliederung nicht den aktienrechtlichen Vorschriften entspricht. Aus diesem Grund wird das Verfahren als Nebenrechnung durchgeführt und nur in größeren Abständen mit der Finanzbuchhaltung abgestimmt /25/. Das macht das Verfahren auch programmtechnisch überschaubar und eindeutig.

---

[1] Beim Gesamtkostenverfahren werden die nach Kostenarten erfaßten Gesamtkosten - hier des Fertigungsprozesses einer Periode - dem Periodenumsatz gegenübergestellt. Berücksichtigt werden müssen dabei die Bestandsveränderungen der Halb- und Fertigaufträge. Da die Gesamtkosten dabei nicht auf die Kostenträger (Fertigungsaufträge) verteilt werden, liefert es keine Informationen für die Kosten- und Gewinnanalyse.

[2] Beim Umsatzkostenverfahren wird der Gewinn der Differenz zwischen Erlösen und Selbstkosten der innerhalb einer Periode abgesetzten Fertigungsaufträge bestimmt. Durch die Gliederung der Erlöse und Kosten nach Fertigungsaufträgen lassen sich die Gewinne der einzelnen Fertigungsaufträge ermitteln. Das Verfahren macht keine Erfassung der Bestände an Zwischen- und Endprodukten notwendig. *Bemerkung:* Das Umsatzkostenverfahren soll als Zeitrechnung auf die Simulationsdauer bezogen werden. Daneben muß als Stückrechnung (für Stückgüter) eine Kalkulation durchgeführt werden.

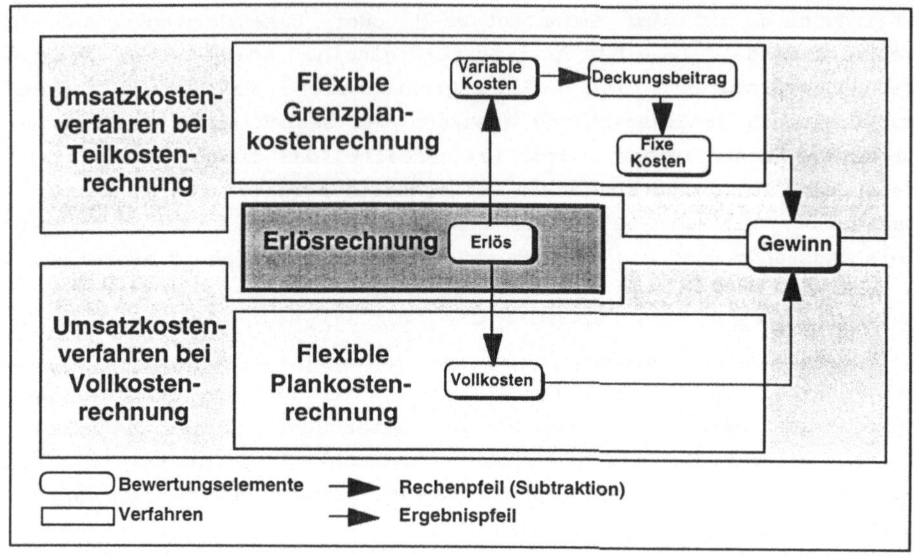

Bild 1:   Zusammenhang und Ergebnisse des Umsatzkostenverfahrens bei
           Teil- und Vollkostenrechnung /9/

Verfahren, wie z. B. die SER-Erfolgsrechnung von STEEB bzw. die M11-
Real-Time-Kostenrechnung von SAP/PLAUT, sind schon in großer Zahl
entwickelt worden. Sie seien hier beispielhaft genannt, im Hinblick
auf die einsatzbezogene, hohe Leistungsfähigkeit bei der Bewältigung
großer Datenmengen und der Vollständigkeit durch die Verknüpfung mit
einer Vielzahl von Anwendungsprogrammen. Letztere arbeiten auf der
Basis unterschiedlicher Programmiersprachen, Monitorsteuerungen,
Datenbanken, Betriebssysteme und Hardware. Sie verdichten die Ergebnisse als Entscheidungsinformationen. Diese Verfahren arbeiten
traditionsgemäß vergangenheits- bzw. gegenwartsorientiert auf der
Basis von Informationsroutinen und fest vorgegebenen Methoden und
trotz zunehmender betrieblicher EDV-Durchdringung weiterhin relativ
starr. Beiträge zu speziellen Planungen können nicht geleistet
werden bzw. bei kurzfristig notwendigen Entscheidungen werden nur
mangelhafte Ergebnisse erzeugt. Im Hinblick auf den Einsatz des
Verfahrens bedeutet das meist, daß insgesamt eine nur mangelhafte
Leistungsfähigkeit und Relevanz vorliegt. Da im Falle zukünftiger
Situationen Bezugsgrößen nicht abgeleitet, sondern vom Bearbeiter

geschätzt und vorgegeben werden, sind die Ergebnisse darüber hinaus als ungenau zu bezeichnen. Heutige Verfahren haben zudem den Nachteil der Falschbeurteilung von Gemeinkosten, da sich die Berechnungen nur auf ca. 10 % der Durchlaufzeit beziehen und damit auch viel zu geringe Einzelkosten ausgewiesen werden.

Zusammenfassend lassen sich einige schwerwiegende Nachteile der bisher angesprochenen Verfahren nennen, die ihre Tauglichkeit für die Wirtschaftlichkeitsbestimmung von Fertigungsprozessen in Frage stellen. Zum einen berücksichtigen sie nur fest vorgegebene Leistungsdaten, zum anderen sind sie im Hinblick auf Genauigkeit, zeitliche Relevanz und Schnelligkeit nicht auf die Anforderungen ausgerichtet. Durch einen Rückbau oder Vereinfachungen ließen sich zwar die Schnelligkeit, jedoch nicht die notwendige Genauigkeit und zeitliche Relevanz, verbessern. Dem kann nur mit Hilfe der simulationsgestützten Erfassung der Bezugsgrößen in Verbindung mit einem analytischen, auf die Zielsetzung ausgerichteten, vereinfachten Umsatzkostenverfahren Rechnung getragen werden. Jetzige Umsatzkostenverfahren haben für diesen Zweck einen zu detaillierten Aufbau, der auch nur durch komplexe Simulationsverfahren nachzuvollziehen wäre.

Ein zukünftiges Verfahren sollte berücksichtigen, daß der Anwender meist kein Kostenrechnungsexperte ist, so daß ein geringerer Detaillierungsgrad von Vorteil ist. Es muß jedoch eine noch höhere Leistungsfähigkeit, vor allem im Hinblick auf die Veränderung von Umsatz- oder Kostenstrukturen, besitzen. Es sollte z. B. die Effizienz einer Teilprozeßintegration oder -ausklammerung schnell realisiert und berechnet werden. Darüber hinaus sollten schnell Antworten zur Bewertung von Durchlaufzeitveränderungen sowie Losgrößenvariationen gegeben werden können. Dies ist nur in Verbindung mit einem leistungsfähigen Simulationssystem möglich.

Zur Erfüllung des Kriteriums der zeitlichen und inhaltlichen Relevanz von Entscheidungsinformationen ist die Simulation in Verbindung mit einem Umsatzkostenverfahren trotz bestehender Mängel das geeignetste Verfahren.

2.5 Betrachtung von Verfahren zur Wirtschaftlichkeitsbestimmung durch simulationsgestützte Umsatzkostenrechnung

Simulationssysteme zur leistungsbezogenen Wirtschaftlichkeitsbestimmung, Auslegung und Optimierung von Fertigungsprozessen sowie Umsatzkostenrechnungssysteme zur wertbezogenen Wirtschaftlichkeitsbestimmung von Fertigungsprozessen führen seit langem ein paralleles Dasein /33, 60/.

Die Untersuchung integrierter Verfahren kann dabei auf die Betrachtung gegenstandsorientierter, parametrisierter Simulationsverfahren begrenzt werden, weil diese den Anforderungen der schnellen, genauen und rechtzeitigen Erstellung von Wirtschaftlichkeitsaussagen für zukünftige Fertigungsprozesse am besten gerecht werden.

Im Hinblick auf spezielle Zielsetzungen und funktionale Erfordernisse entwickeln sich Kostenrechnungs- und Simulationsverfahren aufeinander zu /53, 60, 61/. Ein integriertes, simulationsgestütztes Umsatzkostenverfahren zur wert- und leistungsbezogenen Beurteilung und Optimierung von Fertigungsprozessen, das die genannten Kriterien erfüllt, konnte im Rahmen der Analyse gegenstandsorientierter Simulationsverfahren nicht gefunden werden (siehe Tabelle 2). Alle Verfahren weisen somit im Hinblick auf die Erfüllung der Kriterien nur eine geringe Richtigkeit und vor allem eine geringe inhaltliche Relevanz auf.

Es existieren zwar integrierte Verfahren, die heute eine simulationsgestützte leistungs- und wertorientierte Wirtschaftlichkeitsbestimmung ermöglichen, diese sind jedoch auf bestimmte Problemstellungen, wie z. B. die Materialflußkostensimulation, ausgerichtet. So simuliert WENZEL /37/ das Leistungsverhalten zentraler Arbeitsverteilungssysteme und berechnet dabei nur die anfallenden variablen Kosten. Dies bedeutet, daß vor allem keine hinreichende inhaltliche Relevanz geschaffen wird. KNOOP /52/ beschreibt einen Ansatz zur kosten- und leistungsorientierten Beurteilung flexibler Fertigungssysteme. Problempunkte - auch aus der Sicht WEBERS /63/ - sind, im Hinblick auf die Beschreibungselemente, vor allem die mangelnde Leistungsfähigkeit, verursacht durch die mangelnde Flexibilität des Systems und die fehlende Baukastenorientierung. Die notwendige Schnelligkeit, z. B. bei der Modellierung, ist dadurch nicht gege-

ben. HAHN /60/ und WARNECKE /64/ ermitteln die Materialflußkosten
zwar nutzungsorientiert jedoch mit fest vorgegebenen Stundensätzen,
so daß sich eine mangelnde Genauigkeit der Ergebnisse ergibt.

Der Einsatz der Simulation zur wert- und leistungsorientierten Wirt-
schaftlichkeitsbeurteilung scheitert heute vor allem an der Komplexität der Beschreibungssprachen sowie am hohen zeitlichen Aufwand
für die Modellierung. Die teilweise angestrebte zu hohe Genauigkeit
steht dabei oft in keinem guten Verhältnis zur möglichen Genauigkeit
der Eingabedaten im frühen Planungsstadium.

Keines der untersuchten Verfahren besitzt eine gekoppelte Umsatzkostenrechnung. Am ehesten wird KNOOP /53/ dieser Anforderung gerecht, der eine gesamtheitliche Wirtschaftlichkeitsbetrachtung ohne
die hier geforderte Umsatzkostenrechnung durchführt. Allerdings ver-
fügt sein Verfahren nicht über die erforderliche Leistungsfähigkeit
und ist zudem stark auf flexible Fertigungssysteme ausgerichtet.

Ziel des hier benötigten Verfahrens ist es, durch die Simulation
zeitlich relevante und genaue Informationen über das Verhalten bzw.
die Funktion von realen, dynamischen Fertigungsprozessen zu gewinnen. Die gewonnenen Informationen werden dann als Bezugsgrößen zur
Bestimmung der wertorientierten Wirtschaftlichkeit verwendet. Dies
ist wichtig für die Auswahl des besten Fertigungsprozesses bzw. für
die Gestaltung und das wirtschaftliche Betreiben von Fertigungsprozessen.

Um den gestellten Anforderungen in vollem Umfang gerecht zu werden,
muß ein neues, problembezogenes Simulationsverfahren entwickelt werden. Hier sind Verfahren, die auf einen geringeren Detaillierungsgrad ausgelegt sind, zu bevorzugen.

Im Hinblick auf eine entscheidungsorientierte, schnelle Informati-
onserstellung hat ein verbessertes Verfahren die Aufgabe, die
kostenwirksamen Fertigungselemente (z. B. Werkzeugmaschinen) vollständig abzubilden, bei der Prozeßabbildung auf vorhandene
Arbeitsunterlagen[1] zuzugreifen und vor allem die komplexe, bis zur

---

[1] Unter Arbeitsunterlagen sollen vor allem die in Arbeitsplänen verankerten
Informationen verstanden werden.

Programmierung reichende Steuerungsentwicklung zu vermeiden. Dies gilt vor allem im Hinblick auf die wertorientierte Wirtschaftlichkeitsbestimmung für Entscheidungen, die den Einsatz eines Simulators nicht täglich notwendig machen. Der Verzicht auf die dann nicht mehr mögliche genaue Abbildung von Transportsystemen wird bewußt herbeigeführt, weil dies als Feinplanungsaufgabe nach der strategischen und gewinnorientierten Planung des Fertigungsprozesses als Feinoptimierung eines Prozeßteilsystems gesehen wird. Es ist darauf zu achten, die Ergebnisse der Simulation, also die Leistungs- und Bezugsgrößen, zu visualisieren, weil dies den Arbeitsprozeß mit dem Verfahren an sich beschleunigt. Im Hinblick auf die Vollständigkeit der Wirtschaftlichkeitsaussage ist ein neues Simulationsverfahren um ein Umsatzkostenverfahren zu ergänzen.

3   <u>Zielsetzung der Arbeit</u>

Die frühzeitige und die genaue Bestimmung der leistungs- und wertbezogenen Wirtschaftlichkeit ist eine wichtige Grundlage für Maßnahmen, die den Erfolg von Fertigungsunternehmen sicherstellen.

Herkömmliche leistungsbezogene Verfahren sind jedoch zu aufwendig,
um a-priori die Wirtschaftlichkeit genau zu ermitteln. Herkömmliche
wertbezogene Verfahren leiden unter dem Dilemma, daß sie entweder
rechtzeitig aber ungenau oder genau aber zu spät Ergebnisse liefern.
Es ist deshalb die Zielsetzung der Arbeit, ein Verfahren zu entwik-
keln, das bei der leistungsbezogenen Wirtschaftlichkeitsbestimmung
Aufwände reduziert und bei der wertbezogenen Wirtschaftlichkeitsbestimmung eine frühzeitige und genaue Rechnung ermöglicht.

Dies ist heute durch die richtige Kombination eines Umsatzkostenverfahrens und der ereignisdiskreten, rechnergestützten Simulations-
technik möglich.

Dabei sollen die genannten Anforderungen bezüglich Aufwand und Aussagefähigkeit erfüllt werden. Dazu wird

-      eine Beschreibungssprache zur einfachen und gegenstands-
       orientierten Modellierung eines Fertigungsprozesses als
       zeit- und zustandsdiskretes sowie ausführbares System-
       modell,
-      ein analytisches Umsatzkostenmodell,
-      ein ereignisdiskreter Simulationsmechanismus sowie
-      die Integration aller Komponenten

erarbeitet.

4   <u>Aufbau eines Verfahrens zur leistungs- und wertbezogenen Wirt-
     schaftlichkeitsbestimmung von Fertigungsprozessen durch
     Simulation</u>

Die Untersuchung vorhandener Verfahren zur Wirtschaftlichkeitsbestimmung hat gezeigt, daß keines der heute am Markt verfügbaren
Umsatzkostenrechnungsverfahren eine schnelle, leistungsorientierte
bzw. kein ereignisdiskretes, gegenstandsorientiertes Simulationssystem eine schnelle, wertorientierte Beurteilung von Fertigungsprozessen zulassen (siehe S. 26 und 36). Ein theoretisch möglicher
Ausbau der vorhandenen Verfahren ist zu aufwendig und verspricht
nicht die erhofften Verbesserungen.

Zur Erfüllung der Kriterien zeitlicher und inhaltlicher Relevanz
stellt jedoch, unter Beachtung der auf S. 22 und 23 gemachten Ein-
schränkungen, die Simulation das geeignete Verfahren dar, so daß
hier ein Simulationsverfahren entwickelt wird. Vor der detaillierten
Beschreibung des Verfahrens soll zunächst der veränderte Ablauf der
simulationsgestützten Wirtschaftlichkeitsbestimmung entwickelt
werden, da er Modellierung und Rechentechnik entscheidend beeinflußt.

4.1   <u>Vorgehensweise bei der simulationsgestützten Wirtschaftlich-
       keitsbestimmung</u>

Die Vorgehensweise stützt sich auf den bereits bewährten Ablauf der
Simulation. Auf der Basis einer Planung[1] oder der Realität eines
Fertigungsprozesses wird ein Modell derart spezifiziert, daß eine
leistungsbezogene Simulation und eine wertbezogene Umsatzkostenrechnung durchgeführt werden kann.

Im Anschluß an die Modellierung ist zunächst eine leistungsbezogene
Simulation durchzuführen, die einerseits die Beurteilung des System-

---

[1] Nach SZYPERSKI/WINAND ist die Planung ein weitgehend systematischer Entschei-
    dungsprozeß, welcher auf die problemorientierte Eingrenzung und Strukturierung
    zukünftiger Entscheidungs- und Handlungsspielräume abzielt.

modells zuläßt, andererseits aber auch Eingangsgrößen (z. B. Ausla-
stungsdaten) für die wertorientierte Umsatzkostenrechnung liefert.
Diese wertbezogene Umsatzkostenrechnung soll als schritthaltendes[1]
Verfahren immer am Ende einer Simulationsperiode erfolgen. Dies ist
zweckmäßig, da eine kontinuierliche Berechnung aufgrund der erwarteten schnellen Simulation nicht nachvollziehbare Schwankungen der
Bewertungsaspekte dokumentieren würde und somit auch die Vergleich-
barkeit einzelner Simulationsläufe erschwert wäre.

Mit Hilfe der dann vorhandenen, integrierten Wirtschaftlichkeitsinformationen können eine Interpretation[2] bzw. Validierung[3] der
Modelle bzw. eine parametrische Modellanpassung vorgenommen werden,
die eine verbesserte Beurteilung und Optimierung der Wirtschaftlichkeit von Fertigungsprozessen ermöglichen.

4.2 Beschreibungssprache zur gegenstandsorientierten Modellierung eines Fertigungsprozesses

Die Entwicklung einer Beschreibungssprache erfolgt in Anlehnung an
die Erkenntnisse der Systemtheorie nach ROPOHL /66/ entsprechend der
notwendigen bewertenden[4], funktionalen[5], strukturellen[6] und hierarchischen[7] Systemaspekte.

---

[1] Unter schritthaltender Umsatzkostenrechnung soll ein Verfahren verstanden
werden, das Berechnungen immer erst am Ende einer definierten Simulationsdauer durchführt. Im Gegensatz dazu stehen parallele Verfahren, bei denen alle
Berechnungen kontinuierlich erfolgen.

[2] Die Interpretation eines Sachverhalts entspricht dessen Auslegung bzw. Deu-
tung. Für eine gute Interpretation sind Erfahrung und Objektivität notwendig.

[3] Validierung entspricht einer Überprüfung der Daten bzw. Ergebnisse auf Richtigkeit der Übereinstimmung mit entsprechenden Regeln.

[4] Der bewertende Systemaspekt stellt die Grundanforderungen an das Modell zur
Erzeugung des relevanten Informationsertrags (Kennzahlen).

[5] Der funktionale Systemaspekt deckt die Eingliederung der abzubildenden Grund-
operationen (Verrichtungen) ab, die ein Fertigungsauftrag im Rahmen eines
Durchlaufs einnehmen kann.

[6] Der strukturelle Aspekt bezieht sich auf die Bescheibung realer und gedachter
Modellelemente sowie deren Eigenschaften sowohl des System- als auch des Umsatzkostenmodells.

[7] Im Rahmen der strukturellen Aspekte erfolgt zu keiner Zeit eine Aussage, ob
ein Element ein System darstellt oder ein Element eines Systems ist. Dies erfolgt durch die Definition hierarchischer Aspekte.

4.2.1   <u>Entwicklung bewertungsorientierter Aspekte der Beschrei-
         bungssprache</u>

Die durch die Simulation und Umsatzkostenrechnung zu unterstützenden
Entscheidungen determinieren die notwendigen leistungs- und
wertbezogenen Wirtschaftlichkeitsdaten. Letztere stellen die infor-
matorischen Grundlagen für die Entscheidungsfindung im Rahmen der
Gestaltung von Fertigungsprozessen dar.

4.2.1.1   <u>Leistungsbezogene Bewertungsaspekte</u>

Im Rahmen der leistungsbezogenen Wirtschaftlichkeitsbestimmung steht
die Beurteilung logistischer Gesichtspunkte zur Optimierung des
Kundennutzens im Hinblick auf Menge, Zeit[1] und Qualität im Vordergrund. Es wird jedoch unterstellt, daß hier Fragen der Qualität nur
eingeschränkt behandelt werden können.

Die Qualität der Stückgüter ist durch die Technik und den Menschen
determiniert. Diese Faktoren können durch die definierten Eingren-
zungen bei Planungsvarianten als gleich angenommen werden. Deshalb
ist es hinreichend, Zeit und Menge als wichtigste Leistungsmerkmale
zur Beurteilung von Arbeitsergebnissen des Fertigungsprozesses heranzuziehen. Die Qualität wird dann durch einen im Modell zu definie-
renden Parameter berücksichtigt, um den die vollständig durchge-
setzte Herstellmenge[2] zu reduzieren ist. Die auch für die flexible
Grenzplankostenrechnung notwendigen wichtigsten Bewertungsaspekte
ergeben sich entsprechend Bild 2.

Die Herstellmenge spiegelt die Leistungsfähigkeit des Systemmodells
wider. Der Herstellmenge müssen alle Kosten des Fertigungsprozesses
zugeteilt werden. Die um den Ausschußanteil reduzierte Herstellmenge
führt zu Erlösen (Absatzmengen).

---

[1] Zeit als diskrete Veränderliche ist ein Ausdruck der Prozeß- und Entschei-
dungsorientierung, auf die Verrichtungs- bzw. Zustandsveränderungen oder Ereignisse bezogen werden können.

[2] Die Herstellmenge entspricht bei Stückgütern der Anzahl.

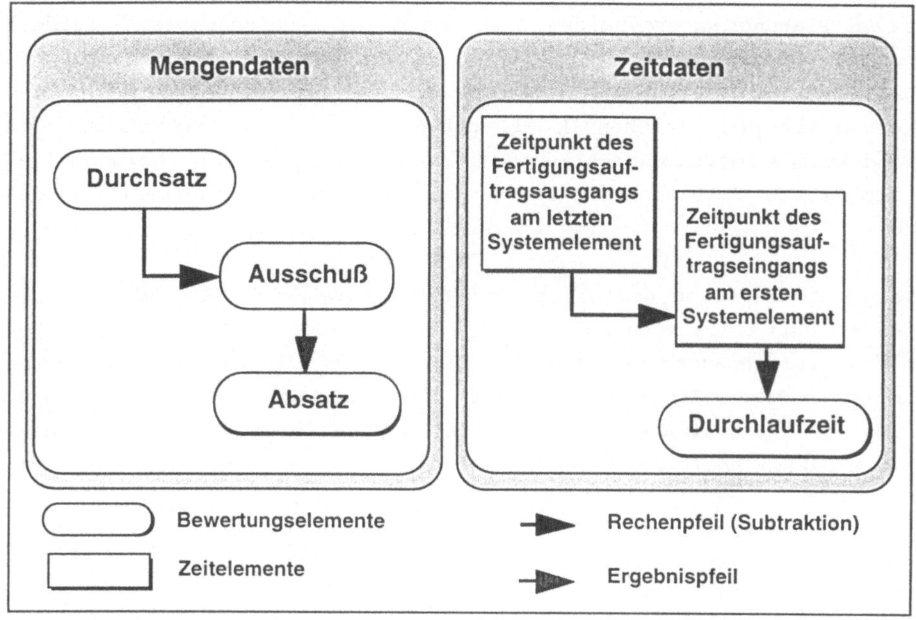

Bild 2:   Bewertungselemente für die leistungsorientierte Wirt-
           schaftlichkeitsbestimmung

Die Durchlaufzeit dient einerseits der Analyse des Zeitverhaltens,
andererseits der Berechnung der Kosten von Fertigungsaufträgen. Dazu
ist über die noch zu bestimmende funktionale Ausrichtung des Modells
hinaus eine Durchlaufzeitstruktur zu entwickeln.

4.2.1.2   <u>Wertbezogene Bewertungsaspekte</u>

Die Art und der Umfang der Wirtschaftlichkeitsdaten, die für die
wertbezogene Bewertungssystematik heranzuziehen sind, werden stark
davon beeinflußt, wie weit sich der Entscheidungshorizont erstreckt.
Im hier definierten Fall der strategischen Planung eines
Fertigungsprozesses steht der Gewinn als zu optimierende Zielgröße
im Vordergrund und muß somit im Rahmen der wertbezogenen Wirtschaftlichkeitsbestimmung entwickelt werden. Die Optimierungsaspekte
Deckungsbeitrag in der taktischen Planung und Kosten in der opera-

tiven Planung unterscheiden sich nicht im Rechnungsstoff[1] sondern nur in der Rechentechnik[2]. Daher soll hier bewußt in den klassischen Untersuchungsbereich der Kostenrechnung eingedrungen werden. Dann können mit dem gleichen Modell neben Dimensionierungsproblemen und Produktionsprogrammentscheidungen auch Probleme der Reihenfolge-bildung von Fertigungsaufträgen und der Losgröße beurteilt werden /43/.

Dazu ist die schon definierte Umsatzkostenrechnung als Voll-, Teil-kosten- und Erlösrechnung in Form einer Periodenrechnung für den ge-samten Fertigungsprozeß und die Dauer eines Simulationslaufs sowie in Form einer Stückrechnung für die Stückgüter bzw. Fertigungs-aufträge durchzuführen. Daraus ergeben sich für die wertorientierte Wirtschaftlichkeitsbestimmung die Bewertungselemente

- fixe Kosten,
- variable Kosten,
- Erlös,
- Deckungsbeitrag und
- Gewinn

gemäß der in Bild 1 gezeigten Systematik.

Durch die auf dieser Basis später noch zu detaillierende Gliederung der Kosten in Material-, Personal-, Sonderkosten[3] und Kapital-dienst[4] läßt sich das Verfahren verfeinern und auf die funktionalen, strukturellen und hierarchischen Aspekte des Fertigungsprozesses an-passen. Dazu ist es möglich, variable Kosten weiter in Einzel- und Gemeinkosten aufzuteilen sowie die fixen Kosten nach entsprechend kurz- und langfristigen Ausgaben zu beurteilen. Dies soll hier nur

---

[1] Unter Rechnungsstoff sollen hier Kosten und Erlöse als Grundlage einer Berech-nung verstanden werden /66/.

[2] Unter Rechentechnik soll hier die Art und Weise der Verknüpfung von Kosten und Erlösen verstanden werden /67/.

[3] Sonderkosten stellen einerseits die als Einzelkosten noch zurechenbaren Ver-sicherungs-, Instandhaltungs-, variable Energie-, Raum- und Gehaltskosten und andererseits alle nicht mehr zurechenbaren Kosten als Restgemeinkosten dar.

[4] Beim Kapitaldienst muß zwischen Kapitaldienst für Bestände von Fertigungs-aufträgen in den verschiedenen Wertschöpfungsstufen und Kapitaldienst für An-lagen und Ausstattungen unterschieden werden. Dabei müssen Kosten, die abhän-gig von der Menge oder dem Wert sind und Kosten, die sich auf das im Durchschnitt gebundene Kapital beziehen, unterschieden werden.

erwähnt, im Hinblick auf eine schnelle Erzeugung von Wirtschaftlichkeitsdaten jedoch nicht in das Modell umgesetzt, werden.

4.2.2 Entwicklung funktionaler Aspekte der Beschreibungssprache

Um im Rahmen struktureller und hierarchischer Gesichtspunkte für die
Modellierung eine vollständige und gegenstandsorientierte Element-
menge entwickeln zu können, müssen zunächst die notwendigen funktionalen Aspekte beschrieben werden. Dazu müssen die abzubildenden
Verrichtungen[1] eines Fertigungsprozesses definiert werden.

Zur Entwicklung einer möglichst vollständigen Sicht soll die physikalische Welt[2] analysiert und auf wichtige Verrichtungen in einem
Fertigungsprozeß reduziert werden (siehe Tabelle 3). Diese Verrichtungen benötigen zu deren Ausführung im Rahmen der gegenstandsorientierten Simulation Modellelemente, die die Schnelligkeit der Modellierung und der Simulation definieren und somit hier so gering wie
möglich zu halten sind.

Da Verrichtungen innerhalb eines Fertigungsprozesses nur bei fort-
schreitender Zeit ablaufen können, brauchen zunächst alle Kombina-
tionen mit konstantem Zeitfaktor nicht berücksichtigt werden.

---

[1] Unter Verrichtungen innerhalb eines Fertigungsprozesses sollen alle Vorgänge
zur körperlichen, zeitlichen, räumlichen und materiellen Veränderung von
Stückgütern bzw. Fertigungsaufträgen verstanden werden (z. B. Bewegen, Bearbeiten usw.).

[2] Die physikalische Welt setzt sich nach POPPER /68/ aus den Elementen Materie,
Raum und Zeit zusammen. Unter Materie soll hier eine Substanz in einem Aggre-
gatzustand mit einer bestimmten Form, die substanziell oder räumlich verändert
werden kann, verstanden werden. Unter Raum als Systemgrenze wird, organisato-
risch betrachtet, der Handlungsraum für alle Arbeits-, Informations- und Ent-
scheidungsprozesse verstanden.

Veränderung von								
Materie	1	1	1	1	0	0	0	0
Raum	1	1	0	0	1	1	0	0
Zeit	1	0	1	0	1	0	1	0
Verrichtungen in einem Fertigungsprozeß	Bearbeiten *	n. v.	Bearbeiten **	Existenz verändern ***	Transportieren	n. v.	Warten	n. v.

1 = wird verändert

0 = konstant

* = bewegtes Material

** = bewegtes Werkzeug

*** = Existenz verändern bedeutet hier, daß Stückgüter dem Prozeß zugeführt oder weggenommen werden.

n.v. = nicht verwendet

Tab. 3: Tabelle zur Zuteilung von Verrichtungen in einem Fertigungsprozeß

Um die Einfachheit der Beschreibungssprache zu unterstützen, können die Verrichtungen "Bearbeitung durch bewegtes Material" und "durch bewegtes Werkzeug" zusammengefaßt werden, da sie auch im Hinblick auf die geforderte Genauigkeit nicht unterschieden werden müssen. Durch die Reduzierung der Komplexität mit Hilfe der Ausklammerung der Lagerung[1] wird ein ganz einfaches, spezielles Modell geschaffen, für das sich dadurch die drei wichtigsten Verrichtungen

- Bearbeiten,
- Transportieren und
- Warten

herausstellen. Darüber hinaus soll jedoch der Sonderfall "Raum und Zeit konstant" und "Materie nicht konstant" zusätzlich als Verrichtung definiert werden, da diese Kombination die Bewältigung des Ein- bzw. Austritts in oder aus dem Fertigungsprozeß und somit die

---

[1] Durch die Ausklammerung der Lagerung wird ein nichtwertschöpfender Prozeßanteil weggelassen, dessen Lagerverweilzeiten in Realität nicht vorhersehbar sind und der selbst komplexe Simulationen benötigt, die eine größere Detaillierung des Gesamtmodells notwendig machen würden.

Verrichtung Existenzveränderung darstellt. Die Existenzveränderung
beim Eintritt soll als

-       Erzeugen,

die Existenzveränderung beim Austritt als

-       Vernichten

bezeichnet werden. Zur Abbildung dieser Verrichtungen als System-
und Umsatzkostenmodell müssen gegenständliche Elemente sowie analytische Zusammenhänge entwickelt werden.

4.2.3 Entwicklung struktureller Aspekte der Beschreibungssprache

Entsprechend der ereignisorientierten bzw. analytischen Ausrichtung
der notwendigen Modelle müssen hierzu die strukturellen Aspekte se-
parat entwickelt werden.

4.2.3.1 Entwicklung eines Systemmodells

Im Hinblick auf die gewünschte, schnelle Modellerstellung muß, ohne
die Richtigkeit weiter einzuschränken, entsprechend den definierten
Verrichtungen ein möglichst kleiner Elementsatz gefunden werden, um
die Überschaubarkeit bei maximaler Leistungsfähigkeit zu gewähr-
leisten.

Hierzu sind entsprechend der physischen Realität zur Abbildung der
Verrichtungen gegenständliche, entsprechend der logischen

Realität logische Elemente[1] und darüber hinaus Beziehungen[2] notwendig.

---

[1] Logische Elemente sind in Form von Wissen oder Erfahrung beim Menschen oder
auf einem Rechner in Form von Daten oder Algorithmen vorhanden. Logische Elemente sollen hier der strukturierten Darstellung von Informationen sowie der
Steuerung gegenständlicher Elemente dienen.

4.2.3.1.1 <u>Systematik zur Zuordnung gegenständlicher Elemente und
ihrer Eigenschaften</u>

Die gegenständlichen Elemente können unmittelbar aus der Art der
Verrichtungen abgeleitet werden. Durch die vorgegebene, geringe Anzahl von Verrichtungen ergeben sich wenige, eindeutige Elemente, so
daß die Überschaubarkeit und gleichzeitig die Anschaulichkeit gewährleistet sind.

Nach BECKER /33/ müssen dabei sogenannte bewegliche und unbewegliche
sowie aktive[1] und passive[2] Elemente unterschieden werden, die die
Simulation durch ihr Leistungs-[3] und Zeitverhalten[4] bzw. ihre
Eigenschaften wesentlich bestimmen. Im Hinblick auf eine schnelle
Wirtschaftlichkeitsbestimmung sollen hier dem Elementsatz möglichst
viele Attribute und Grundverhalten vorgegeben werden, um keine pro-
zedurale Eingabe von Steuerungen erforderlich zu machen. D. h., daß
hier den Verrichtungen keine aktiven Elemente zugeordnet werden und
daß neben einem Grundverhalten bezüglich des Durchschleusens von
Stückgütern kein spezielles Leistungsverhalten an den Strukturele-
menten verankert ist. Spezialverhalten soll hier durch logische Elemente, die wiederum passive Elemente darstellen, also nur durch Eigenschaften definiert sind, erzeugt werden. Aus dieser Tatsache wird
deutlich, daß hier keine ausgeprägte Gegenstandsorientierung vorliegt. Eine Übersicht über die Elementstruktur gibt Bild 3. Die hier
gezeigten Symbole wurden aus betriebspraktischen Gründen so gewählt.

---

[2] Unter Beziehungen sollen hier die Art und Eigenschaften fester Parameter zur
Verknüpfung von Elementen verstanden werden.

[1] Aktive Elemente besitzen ein Grundverhalten, das parametrisch beeinflußt
werden kann und darüber hinaus ein spezielles Verhalten, das durch eine Steuerung des Anwenders entwickelt wird und gewünschte Aktivitäten selbst erzeugt
(gesteuerte Elemente).

[2] Passive Elemente besitzen demgegenüber nur ein Grundverhalten (ungesteuerte
Elemente).

[3] Leistungsverhalten liegt z. B. beim Transportmittel vor, wenn durch eine
Steuerung eine Zielzuweisung bewirkt wird.

[4] Ein Zeitverhalten wird z. B. durch zeitliche Abstände von Stückgütern dokumentiert.

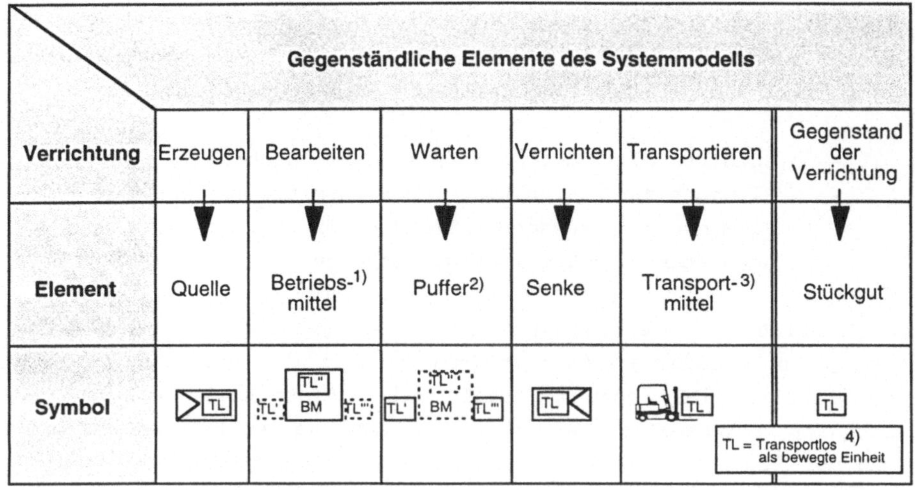

Verrichtung	Erzeugen	Bearbeiten	Warten	Vernichten	Transportieren	Gegenstand der Verrichtung
Element	Quelle	Betriebs-[1] mittel	Puffer[2]	Senke	Transport-[3] mittel	Stückgut
Symbol						

Bild 3:   Übersicht der gegenständlichen Elemente

Das hier dargestellte Minimalgerüst entsteht durch die Zuordnung
ausgewählter Elemente und Verrichtungen. Dessen Bedeutung wird wesentlich durch die Zeitanteile von Verrichtungen auf diesen Elementen bestimmt. Eine weitere Vereinfachung dieses Minimalgerüsts kann
gemäß VDI 3633 /17/ durch die lineare Verknüpfung[5] der Betriebsmittel und Puffer erfolgen. Der Eingangspuffer soll dabei als Bedarfs-

---

[1] Zum Erreichen einer möglichst vollständigen Zeitstruktur und Kostenabbildung
soll das Betriebsmittel hier alleine als Betriebseinrichtung oder in Verbindung mit einem Rüstsatz (Vorrichtung und Werkzeug) dargestellt werden.

[2] Der Puffer ist hier als Entkopplungselement zwischen Bearbeiten und Transportieren zu verstehen. Wartezeiten, z. B. durch Störung, können auch beim Bearbeiten und Transportieren anfallen.

[3] Das Transportmittel dient der Durchführung von Transportvorgängen. Die
Transportvorgänge können dabei mit oder ohne Transporteinheitenträger erfolgen. Ein Transporteinheitenträger ist dann erforderlich, wenn sonst kein
Transport möglich ist. Ein Transporteinheitenträger ist Teil eines Transportsystems. Im einzelnen können dies o. g. Transportmittel oder auch Transport-
hilfsmittel Gehänge oder Europaletten sein.

[4] Im Transportlos werden einzelne Stückgüter zu einer Menge zusammengefaßt, die
aufgrund ihrer Größe, Beschaffenheit oder des Gewichts und ihrer Fertigungs-
auftragszugehörigkeit gemeinsam transportiert werden können.

[5] Durch die Verknüpfung vereinfachen sich die Abläufe und somit die notwendigen
Steuerungen.

puffer[1]) und der Ausgangspuffer als Bestandspuffer[2]) ausgeführt werden. Durch diese Maßnahmen entsteht ein einfaches Modell, dessen Elemente in vier Klassen eingeteilt und dargestellt werden können:

- Schnittstellen des Modells (Quelle, Senke),
- Elemente zur Bearbeitung (Betriebsmittel),
- Elemente zum Transport (Transportmittel),
- Gegenstand der Verrichtung (Stückgut).

Da Durchlaufzeituntersuchungen meist den größten Zeitanteil eines Fertigungsprozeßdurchlaufs beim Unterbrechen der Verrichtungen ausweisen /23/, diese auch außerhalb des Puffers vorhanden sind und sich dies kostenseitig stark niederschlägt, sollen bei der Beschreibung der Elemente neben den Verrichtungszeiten speziell Zeitanteile für Unterbrechungen strukturiert, das Grundverhalten der Elemente beschrieben und deren mögliche Zustände abgeleitet werden.

Schnittstellen des Modells

Quelle und Senke stellen die Grenzpunkte des zu betrachtenden Fertigungsprozesses dar. Über die Quelle treten die Stückgüter in das Modell ein, über die Senke verlassen sie das Modell wieder. Quelle und Senke sollen hier als virtuelle Elemente ohne Zeitverbrauch bezeichnet werden, da sie für den Eintritt und Austritt des Stückguts notwendig sind, jedoch kein Zeitverhalten, z. B. im Hinblick auf die Verweildauer in der Quelle und die Übergangszeit bis zur ersten Verrichtung, verankert ist. Quelle und Senke benötigten dadurch nur eine einfache Abbildung und brauchen hier nicht detalliert beschrieben werden.

Elemente zur Bearbeitung

Betriebsmittel stellen zeitverbrauchende Elemente dar, die in Verbindung mit dem Eingangs- und Ausgangspuffer die Verrichtung "Bearbeiten" ausführen. Voraussetzung für eine realitätsnahe

---

[1]) Aus dem Bedarfspuffer wird das Betriebsmittel mit Stückgütern versorgt und vom Transportmittel entkoppelt.

[2]) Über den Bestandspuffer wird das Betriebsmittel von Stückgütern entsorgt und vom Transportmittel entkoppelt.

Modellierung ist die Kenntnis der abzubildenden, betriebsmittelbezogenen Zeitanteile.

Ein vereinfachtes Modell soll hier auf ein betriebsmittelorientiertes Belegungszeitmodell ohne die Berücksichtigung der personenbezogenen Verteilzeit eingeschränkt werden, da hier die kapazitäts- und kostenmäßigen Belegungen des Betriebsmittels im Vordergrund stehen. Nach REFA /70/ sollen die Grundzeit, bestehend aus Verrichtungszeit und Zeit der Verrichtungsunterbrechung, abgebildet werden (Tabelle 4). Auf der Basis der betriebsmittelbezogenen Zeitanteile lassen sich die betriebsmittelbezogenen Zustände ableiten.

GEGEN-STAND	GRUNDZEIT-AUFTEILUNG	ZEITANTEILE		ZUSTÄNDE
Eingangs-puffer	Verrichtungszeit	Warten	- gesteuertes - ablaufbedingtes - zufallsbedingtes	- Pause - Blockade - Warten auf Auftrag - Störung
Eingangs-puffer	Zeit der Verrichtungs-unterbrechung	nicht Warten	n. a.	n. a.
Betriebs-mittel	Verrichtungszeit	Bearbeiten Auf- und Abrüsten	Haupttätigkeit Nebentätigkeit	- Bearbeitung - Auf- und Abrüsten
Betriebs-mittel	Zeit der Verrichtungs-unterbrechung	Warten	- gesteuertes - ablaufbedingtes - zufallsbedingtes	- Pause - Blockade - Warten auf Auftrag - Störung
Ausgangs-puffer	Verrichtungszeit	Warten	- gesteuertes - ablaufbedingtes - zufallsbedingtes	- Pause - Blockade - Warten auf Auftrag - Störung
Ausgangs-puffer	Zeit der Verrichtungs-unterbrechung	nicht Warten	n. a.	n. a.
		Fahren Lastaustausch	n. a. = nicht anwendbar	

Tab. 4: Darstellung betriebsmittelbezogener Zustände[1][2]

---

[1] Blockade: Ein Betriebsmittel wird dann blockiert, wenn ein im Fertigungsprozeß folgendes Element die Ausschleusung aus dem Betriebsmittel behindert und deshalb keine weitere Bearbeitung erfolgen kann.

[2] Rüsten: Unter Rüsten soll der mengenunabhängige Zeitanteil zur Vor- und Nachbereitung eines Fertigungsauftrags, wie der Aufbau und Abbau spezieller Vor-

Die Betrachtung der betriebsmittelbezogenen Zeitarten zeigt schnell, daß neben dem Betriebsmittel als Betriebseinrichtung[1] auch ein Rüstsatz als serielles Element zur Abbildung der Zeitarten notwendig ist. Diese sind wesentlich durch Kapazitäten, Takt- und Durchlaufzeiten bestimmt.

Über den Bestandspuffer wird das Betriebsmittel von Stückgütern entsorgt und vom Transportmittel entkoppelt.

Ein Stückgut eines Fertigungsauftrags tritt in ein Betriebsmittel über einen Eingangspuffer sofort ein, wenn der richtige Rüstsatz montiert ist und keine Störung bzw. Blockierung des Betriebsmittels vorliegen. Andernfalls wartet das Stückgut, dessen zeitliche Einsteuerung bereits vorbestimmt ist, bis der Rüstsatz montiert bzw. die Blockierung aufgehoben ist. Nach einer vorgegebenen Bearbeitungszeit wird das Gut sofort an den Ausgangspuffer abgegeben, wenn er freie Plätze hat, danach folgt eine Übergabe auf das Transportmittel.

Der Einsatz eines Rüstsatzes erfolgt im Hinblick auf eine definierte Anzahl Transportlose, innerhalb derer auf jeden Fall kein Umrüsten erfolgt, auch wenn ein Fertigungsauftrag mit höherer Priorität zur Bearbeitung ansteht. Im Hinblick auf den Aufbau und Abbau der Vorrichtungen muß die Rüstzeit in Aufrüsten und Abrüsten gegliedert werden. Ein wichtiger Parameter bei der Optimierung von Fertigungsprozessen stellt die Intensität[2] dar. Die Veränderung der Intensität soll dadurch dynamisch erreicht werden können, daß die Bearbeitungszeit und die Rüstzeit der Vorrichtung verändert werden können und somit eine serielle Erweiterung oder Reduzierung des Betriebsmittels bewirkt wird. Ein First-in-first-out-Zwangsdurchlauf soll dabei erhalten bleiben. Die Kapazität soll nicht durch räumliche Restriktionen eingeengt werden, da die notwendige Arbeitsplanung vorausgesetzt wird, so daß nur zulässige Stückgüter über die Betriebsmittel laufen.

---

richtungen und Werkzeuge (Rüstsätze), die Grundeinstellung bzw. der Aufbau des Betriebsmittels etc., verstanden werden.

[1] Das Betriebsmittel ist gegebenenfalls auch in Verbindung mit Personal in einem Raum darzustellen.

[2] Mit Intensität ist der zeitliche Ankunftsabstand der Transportlose eines Transportstroms gemeint /33/.

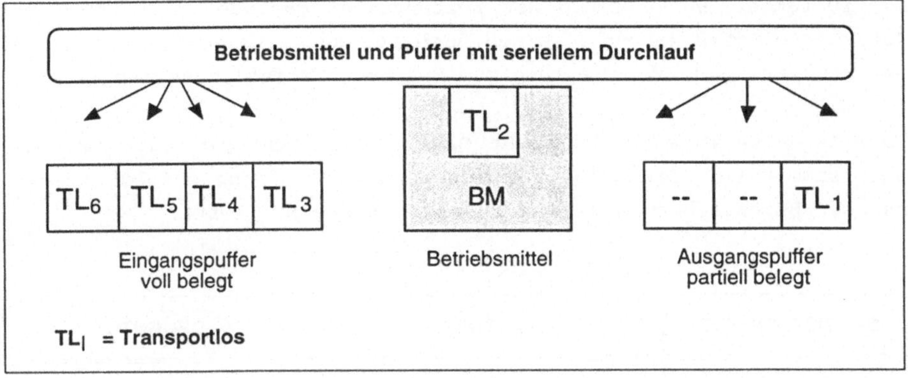

Bild 4:   Beispiel einer Pufferstruktur und Belegung

Beim Puffer, als eines der wichtigsten Harmonisierungsinstrumente, soll eine variable Kapazität mit seriellem Durchlauf vorgesehen werden, die durch die Anzahl Transportlose, die vor bzw. nach dem Betriebsmittel warten können, ausgedrückt wird.

Zur schnellen Auswertung sollen die möglichen Zustandsarten aus Tabelle 4 in die angewandten Zustandsarten (Tabelle 5) überführt werden. Dies soll hier durch die Zusammenfassung der Zustände der gesteuerten und ablaufbedingten Wartezeitanteile zum Zustand Warten erzielt werden. Die Begründung dafür ist, daß sich die Kosten des Wartens innerhalb der Zustandsarten nicht unterscheiden und die wesentlichen Wirtschaftlichkeitsaussagen stückgutbezogen erfolgen sollen.

GEGENSTAND	ZUSTANDSARTEN			
Eingangs- und Ausgangspuffer	Warten		Störung	
Betriebsmittel und Rüstsatz	Bearbeitung	Rüsten	Warten	Störung

Tab. 5:   Angewandte Zustandsarten der Betriebsmittelkomponenten

Die Zustände, entsprechend der Zeitanteile "gesteuertes Warten" und "ablaufbedingtes Warten", werden auch für das Betriebsmittel und für den Rüstsatz zur Vereinfachung zum Zustand "Warten" zusammengefaßt.

Tabelle 6 zeigt eine Übersicht über die notwendigen Attribute des Betriebsmittels. Die detaillierte Kostenbeschreibung erfolgt im Rahmen der Beschreibung des Kostenmodells (siehe S. 73 ff).

BETRIEBSMITTEL	ATTRIBUT	BEDEUTUNG
Identifikations-komponente	Name	Ident des Betriebsmittels
Beziehungs-komponente	Rüstsatz Rüstmatrix Störungsauslösung Arbeitsplan	Ident des Rüstsatzes Zeitliche Beziehungen Zeitsteuerung Ablaufsteuerung mit Zeit-belegung + Rüstsatzvorgabe
Leistungskomponente	Eingangspufferkapazität Ausgangspufferkapazität	Größe des Puffers in Anzahl Transportlose
Kostenkomponente	Eingangspuffer Kapitalkosten Betriebsmittel und Personal-, Kapital- Rüstsatz und Sonderkosten Ausgangspuffer Kapitalkosten	Kostenarten
Sonstige Attribute	Anzahl Mitarbeiter Bestand Transportlose	Attribute für die Kostenberechnung

Tab. 6: Attribute des Betriebsmittels

<u>Elemente zum Transport</u>

Transportmittel stellen zeitverbrauchende Elemente dar, die die Verrichtung "Transportieren" ausführen. Das wesentliche Unterscheidungsmerkmal von Transportmitteln stellt die kontinuierliche oder diskontinuierliche Arbeitsweise beim Transport von Stückgütern - hier zwischen Betriebsmitteln bzw. deren Puffern - dar. Dazu können stetige[1] und unstetige[2] Transportmittel eingesetzt werden. Zur

---

[1] Das funktionale Hauptmerkmal eines stetigen Transportmittels ist der stetige Stückgutstrom mit gleichbleibender Geschwindigkeit auf einem meist gleichblei-

Vereinfachung sollen hier, im Hinblick auf die durchzuführenden Relativvergleiche, weil eine Detailplanung von Transportmitteln mit dem zu konzipierenden Simulationsverfahren nicht vorgesehen ist, nur unstetige Transportmittel abgebildet werden.

Aus dem Spektrum der unstetigen Transportmittel sollen hier, als derzeit beherrschende Transportmittel, frei in der Ebene verfahrbare Transportsysteme wie Gabelstapler und Fahrerlose Transportsysteme ausgewählt werden. Typisch für diese Transportmittel ist, daß sie jeweils einen Fahrantrieb und einen Antrieb für die Lastaufnahme bzw. Lastübergabe besitzen und dadurch der Transportablauf wesentlich bestimmt wird. Diese Transportmittel sorgen im Rahmen ihres Grundverhaltens selbst für ihre Weiterfahrt und die Aufnahme und Abgabe von Transportlosen bei freien Puffern. Die Disposition und Zielzuweisung mehrerer Transportmittel erfolgt hier von einer übergeordneten Steuerung. Voraussetzung für eine realitätsnahe Modellierung ist auch beim Transportmittel die Kenntnis der abzubildenden transportmittelbezogenen Zeitanteile. Wie beim Betriebsmittel soll hier ein transportmittelorientiertes Belegungszeitmodell ohne die Berücksichtigung der personenbezogenen Verteilzeiten entwickelt werden. Auch hier sollen nach REFA /70/ die Grundzeit, bestehend aus Verrichtungszeit und Zeit der Verrichtungsunterbrechung, abgebildet werden.

Das Zeitverhalten für die Leerfahrt und Lastfahrt berechnet sich je nach Zielzuweisung aufgrund vorgegebener Parameter selbst. Die Zeit der Lastübergabe/-nahme bei stehendem Transportmittel wird direkt als Parameter verwaltet.

Ein Stückgut wird als Transportmittel einem Eingangspuffer sofort übergeben, wenn er leer ist oder einen freien Platz im Puffer hat, andernfalls ist das Transportmittel blockiert. Die Übernahme eines Transportloses kann jederzeit bei freiem Transportmittel und nach der Leerfahrt erfolgen.

---

benden Transportweg und der Auf- und Abgabe während des Betriebs. Typische Vertreter: Rutsche, Band, Kette /vgl. 33/.

[2] Das wesentliche Merkmal unstetiger Transportmittel ist der Aussetzbetrieb, d. h., daß beim Betrieb ein ständiger Wechsel von Betrieb und Stillstand vorliegt. Entsprechend der Realität kann eine Übernahme von Stückgütern nur im Stillstand, der Transport notwendigerweise auf unterschiedlichsten Transportwegen erfolgen. Typische Vertreter: Gabelstapler, Fahrerlose Transportsysteme.

Folgende angewandte Zustände sollen aus den möglichen Zustandsarten
(Tabelle 7) vereinfachend zur Auswertung kommen. Eine Vereinfachung
soll hier vor allem durch die Zusammenfassung der Zustände der gesteuerten und ablaufbedingten Wartezeitanteile (zum Zustand
"Warten") erzielt werden:

GRUNDZEIT-AUFTEILUNG	ZEITANTEILE		ZUSTÄNDE
Verrichtungszeit	Fahren	Haupttätigkeit	- Lastfahrt/Leerfahrt
	Lastaustausch	Nebentätigkeit	- Lastübergabe/ Lastübernahme
Zeit der Verrichtungs- unterbrechung	Warten	- gesteuertes - ablaufbedingtes - zufallsbedingtes	- Pause - Blockade - Warten auf Auftrag - Störung

Tab. 7:   Darstellung transportmittelbezogener Zustände

GEGENSTAND	ZUSTANDSARTEN				
Transportmittel	Lastfahrt	Leerfahrt	Lastaustausch	Warten	Störung

Tab. 8: Angewandte Zustandsarten des Transportmittels

Tabelle 9 zeigt eine Übersicht über die notwendigen Attribute des
Transportmittels. Wichtige Modellgrundparameter sind die Anzahl
Transportmittel und die Transportgeschwindigkeit. Die detaillierte
Kostenbeschreibung erfolgt im Rahmen der Beschreibung des Kosten-
modells.

TRANSPORTMITTEL	ATTRIBUT	BEDEUTUNG
Identifikationskomponente	Bezeichner	Ident des Transportmittels
Beziehungskomponente	Wegematrix Störungsauslösung Arbeitsplan Transportmitteldisposition	räumliche Beziehung Zeitsteuerung Ablaufsteuerung Auswahl des Transport- mittels (Steuerung)
Leistungskomponente	Transportmittelanzahl Transportgeschwindigkeit Lastübergabe-/ Über- nahmezeit	Parameter Parameter Parameter
Kostenkomponente	Personal-, Kapital- und Sonderkosten	Kostenarten
Sonstige Attribute	Anzahl Mitarbeiter Bestand an Transportlosen Wartezeit	Attribute für die Kosten- berechnung Kriterium für Disposition

Tab. 9:   Attribute des Transportmittels

<u>Gegenstand der Verrichtung</u>

Stückgüter begründen den Fertigungsprozeß und erfahren durch die beschriebenen Elemente Betriebsmittel und Transportmittel und deren
anteilige zeitliche Nutzung Werterhöhungen. Demgegenüber stehen der
Marktwert, den das Stückgut außerhalb des Prozesses darstellt, und
der Nutzen des Unternehmens gegenüber. Auf der Basis der transport-
mittel- und betriebsmittelbezogenen Belegungszeitmodelle können die
Zustände des Stückguts bei seinem Prozeßdurchlauf abgeleitet werden.

GRUNDZEIT-AUFTEILUNG	ZEITANTEILE		ZUSTÄNDE
Verrichtungszeit	Transportieren Bearbeiten Lastaustausch	Haupttätigkeit Haupttätigkeit Nebentätigkeit	- Lastfahrt - Bearbeitung - Lastaustausch
Zeit der Verrichtungs-unterbrechung	Warten	- gesteuertes - ablaufbedingtes - zufallsbedingtes	- Pause - Rüsten - Blockade - Störung

Tab. 10:   Darstellung stückgutbezogener Zustände

Das Stückgut hat kein eigenes Grundverhalten sondern soll durch das Grundverhalten der schon beschriebenen Elemente und durch eine einfache Steuerung durch den Fertigungsprozeß geführt werden.

Zur Schaffung einer größeren Realitätsnähe und gleichzeitig zur schnellen Berechnung beim Ablauf der Simulation werden Stückgüter hier immer zu Transportlosen als bewegte Einheiten zusammengefaßt und, falls keine Störung oder Pause vorliegt, ohne Unterbrechung bearbeitet, transportiert und entsprechend wert- und leistungsorientiert berechnet. Für die Abbildung im Modell hat dies den Vorteil, daß nicht einzelne Stückgüter abgebildet werden müssen. Dies wirkt sich positiv auf die notwendigen Rechenzeiten aus.

Entsprechend der stückgutbezogenen Zeitanteile müssen für das Transportlos die Zustände laut Tabelle 11 verwaltet werden. Folgende angewandte Zustände des Stückguts sollen aus den in Tabelle 10 dargestellten Zuständen vereinfacht abgebildet werden.

GEGENSTAND	ZUSTANDSARTEN					
Stückgut	Lastfahrt	Last-austausch	Bear-beitung	Warten wegen Rüsten	Warten wegen Pause, Blockade	Warten wegen Störung

Tab. 11:   Angewandte Zustandsarten des Stückguts

STÜCKGUT	ATTRIBUT	BEDEUTUNG
Identifikationskomponente	Name	Ident des Stückguts
Beziehungskomponente	Fertigungsauftrag	Logisches Element
Leistungskomponente	Transportlosgröße	Weitergabemenge
Kostenkomponente	Personal-, Kapital- und Sonderkosten	Kostenarten
Sonstige Attribute	Preis	Eintritts- und Austrittspreis

Tab. 12: Attribute des Stückguts

Die Anzahl der Attribute soll hier klein gehalten werden, da sich
alle Größen auch auf den Durchlauf von Stückgütern als wirtschaftliche Fertigungseinheit beziehen sollen, die im folgenden noch als
logisches Element zuzuordnen ist.

4.2.3.1.2 <u>Systematik zur Zuordnung logischer Elemente und ihrer
          Eigenschaften</u>

Während gegenständliche Elemente physisch existent sind, dienen
logische Elemente der strukturierten Speicherung von Informationen
sowie der Steuerung, z. B. zur Prozeßführung[1] und Reihenfolgeplanung[2], die an Stelle des Menschen, über das Grundverhalten
hinaus, den Prozeß steuern. Als logische Elemente sollen hier der
Fertigungsauftrag, die Steuerung dieses Fertigungsauftrags und der
unstetigen Transportmittel beschrieben werden.

---

[1] Im Rahmen der Prozeßführung müssen Entscheidungen getroffen werden, die für
den Durchlauf der Fertigungsaufträge durch den Fertigungsprozeß notwendig
werden. Es muß hierbei der Weg des Fertigungsauftrags oder das Ziel eines unstetigen Transportsystems zugewiesen werden, d. h., der Ablauf muß global gesteuert werden.

[2] Im Rahmen der Reihenfolgeplanung sollen die Startzeitpunkte für Fertigungsaufträge sowie die Priorität bei Kapazitätskonkurrenz am Transport- und
Betriebsmittel verstanden werden.

Fertigungsauftrag

Zur ganzheitlichen Beurteilung eines Fertigungsprozesses soll, als logische Verknüpfung von Stückgütern in Transportlosen, der Fertigungsauftrag definiert werden. Ein Problem stellen dabei die auf Kundenanforderung schwankenden Bedarfe sowie die, entsprechend der Fertigungsorganisation, wirtschaftlichen Fertigungslosgrößen dar, die im Hinblick auf eine Bewertung erkennbar bleiben sollen, jedoch meist nicht dem Transportlos entsprechen.

Unter Fertigungsauftrag soll hier deshalb eine Gesamtfertigungsmenge von Stückgütern verstanden werden, die in Teilmengen[1] als wirtschaftliche Fertigungseinheiten und als Vielfaches einer Transportlosgröße durch den Prozeß geschleust wird. Taktbestimmend ist dabei die Transportlosgröße, deren Grundverhalten und Grundzustände schon beim Stückgut beschrieben werden. Der Fertigungsauftrag soll alle Informationen beim Durchlauf speichern. Ein Fertigungsauftrag soll dann als abgeschlossen gelten, wenn alle Transportlose das letzte, zur Bearbeitung notwendige Betriebsmittel über dessen Ausgangspuffer verlassen haben.

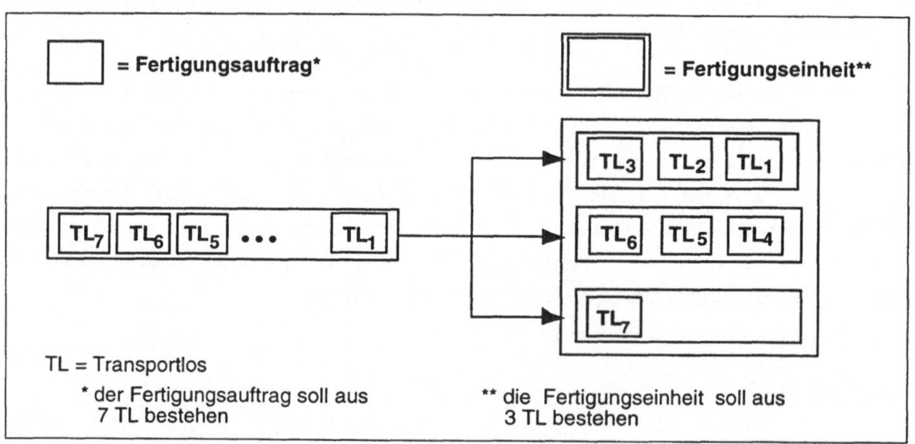

Bild 5:   Beispiel für die Splittung eines Fertigungsauftrags

---

[1] Die Teilmenge ist als die Fertigungsmenge zu verstehen, für die bei notwendigem Splitting von Fertigungsaufträgen (bei Konkurrenzsituationen am Betriebsmittel) ein Umrüstvorgang und somit eine Unterbrechung der Auftragsbearbeitung zugelassen wird, weil dies wirtschaftlich zu rechtfertigen ist.

FERTIGUNGSAUFTRAG	ATTRIBUT	BEDEUTUNG
Identifikationskomponente	Bezeichner	Ident des Elements
Beziehungskomponente	Stückgut Arbeitsplan Startauslösung	Ident des Stückguts Ablaufsteuerung Steuerung
Leistungskomponente	Fertigungseinheit Fertigungsmenge Ausschuß	wirtschaftliche Fertigungslosgröße gefertigte Menge Menge falscher Qualität
Kostenkomponente	Personal-, Kapital- und Sonderkosten	Kostenarten
Sonstige Attribute	Auftragsdurchlaufzeit	Zeitdauer und -struktur des Prozeß-durchlaufs
	Durchsatz	Ist-Menge des abgeschlossenen Fertigungsauftrags
	Absatzmenge	Menge richtiger Qualität
	Umsatz Deckungsbeitrag Gewinn	Prozeßergebnis

Tab. 13: Attribute eines Fertigungsauftrags

Der Weg des Fertigungsauftrags als passives Element und dessen relative Bedeutung sollen durch Spezialverhalten im Rahmen von Steuerungen vorgegeben werden (siehe Seite 66). Fertigungseinheiten sind
hier nur für die Simulation von Bedeutung.

<u>Steuerungen</u>

Zur Steuerung von Fertigungsaufträgen und Transportmitteln werden
hier aktive und passive Steuerungen[1] notwendig:

-     Startauslösung   (aktiv/passiv)
-     Ablaufsteuerung   (passiv)

---

[1] Passive Steuerungen werden nur durch ihre Eigenschaften definiert.

-   Reihenfolgesteuerung   (passiv)
-   Disposition unstetiger Transportmittel (passiv)
-   Störungsgenerierung   (aktiv).

<u>Startauslösung</u>

Starttermine von Fertigungsaufträgen dürfen für die Simulation von Fertigungsprozessen nicht nur, z. B. über eine Liste[1], starr vorgegeben werden, sondern müssen auch als Parameter zur Optimierung des Fertigungsprozesses frei wählbar sein bzw. bei nicht genauer Kenntnis durch Zufallsgeneratoren[2] bestimmt werden können.

Zum parallelen zeitunabhängigen und zeitabhängigen Erzeugen von Fertigungsaufträgen in unabhängigem Rhythmus wird hier eine Parallelschaltung mit freier Auswahl für den Generatortyp bzw. die Listen notwendig.

Die folgende Tabelle faßt die notwendigen Attribute zusammen:

STARTAUSLÖSUNG	ATTRIBUT	BEDEUTUNG
Identifikationskomponente	Liste / Generator	Typ (passiv / aktiv)
Beziehungskomponente	Fertigungsauftrag	Logisches Element
Leistungskomponente	Starttermin Startabstand Startstop	} Startgrößen
Kostenkomponente	---	---
Sonstige Attribute	Entnahmeordnung bei Liste	z. B. LIFO

Tab. 14:   Attribute der Startauslösung

---

[1] Einer Liste können vorgegebene Termine in ihrer Reihenfolge bzw. nach Entnahmeordnung entnommen werden.

[2] Zufallsgeneratoren zur Erzeugung, z. B. gleich-/negativ exponentiell-/ poisson-/normalverteilte Starttermine, können grundsätzlich parallel und in Serie geschaltet werden. Mit diesen Zufallsverteilungen können alle wichtigen, stochastischen Prozesse eines Fertigungsprozesses abgedeckt werden /72/.

Nach dem Start des Fertigungsauftrags muß dessen Ablauf gesteuert werden.

<u>Ablaufsteuerung</u>

Im Rahmen der Prozeßführung muß der Weg eines Fertigungsauftrags und, im Falle des Einsatzes eines unstetigen Transportmittels, dessen Start- und Zielort zugewiesen werden. Die Ablaufsteuerung eines Fertigungsauftrags und die Zielzuweisung eines unstetigen Transportmittels kann global durch eine arbeitsplanorientierte Darstellung erfolgen /61/, die den Ablauf oder die Fahrziele zur Abholung oder zum Anliefern von Transportlosen definiert. Der Arbeitsplan erhält dazu Angaben über die Arbeitsgangfolge, d. h. die Reihenfolge der durchzuführenden Bearbeitungen, die schrittweise als Ziel vorgegeben werden, bis das Endziel, d.h. der letzte Arbeitsgang und somit die Senke, erreicht ist.

Der Abschluß einer Bearbeitung auf einem Betriebsmittel stellt damit gleichzeitig ein Signal für die Abholung und den Weitertransport zum nächsten Betriebsmittel dar. Der Arbeitsplan kann darüber hinaus Angaben über die Anzahl der Transportlose, die zusammenhängend durch den Prozeß geschleust werden sollen, enthalten und macht die Eingabe der Bearbeitungszeiten sowie die Angabe des Rüstsatzes notwendig. Die Attribute des Arbeitsplans zeigt Tabelle 15:

ARBEITSPLAN	ATTRIBUT	BEDEUTUNG
Identifikationskomponente	Bezeichner	Ident des Arbeitsplans
Beziehungskomponente	Stückgut Fertigungsauftrag Priorität Rüstsatz	Verrichtungsgegenstand logisches Element Reihenfolgesteuerung Ident
Leistungskomponente	Bearbeitungszeit Fertigungseinheit	Bearbeitungszeit je Arbeitsgang und Betriebsmittel für ein Stück wirtschaftliche Fertigungslösgröße
Kostenkomponente	---	---

Tab. 15:   Attribute des Arbeitsplans

<u>Reihenfolgesteuerung</u>

Im Rahmen der Ablaufsteuerung muß bei Konkurrenzsituationen von Fertigungsaufträgen an Betriebsmitteln sowie bei der Belegung von unstetigen Transportmitteln die Reihenfolge der Bearbeitung bzw. des Transports festgelegt werden. Dies soll durch eine Prioritätsregel[1] erfolgen, die im Bedarfsfall sofort lokal wirksam wird und in das Grundverhalten eingreift.

Da es bisher noch keine einfache Prioritätsregel gibt, deren Auswirkungen auf die Optimierungsziele eindeutig ermittelbar sind, wird zunächst die vom Planer vorzugebende Priorität eines Fertigungsauftrags durch die Verknüpfung der Reihenfolgesteuerung mit dem Arbeitsplan als Auswahlkriterium vorgeschlagen.

Bei Arbeitsplänen mit gleicher Priorität muß, im Hinblick auf die anzustrebende Durchlaufzeitverkürzung, derjenige mit der längsten Wartezeit bevorzugt werden.

PRIORITÄT	**ATTRIBUT**	**BEDEUTUNG**
Identifikationskomponente	Bezeichner	Ident der Priorität
Beziehungskomponente	Arbeitsplan	Ablaufsteuerung
Leistungskomponente	Zahl	Bedeutung des Fertigungsauftrags (Priorität)
Kostenkomponente	---	---

Tab. 16:   Attribute der Priorität

<u>Disposition des unstetigen Transportmittels</u>

Bei mehr als einem Transportmittel schließt sich an die Auswahl des zu transportierenden Fertigungsauftrags noch die Zuweisung eines Transportmittels an. Dabei müssen die Grundzustände und Entfernungen als Eigenschaften berücksichtigt werden.

---

[1] Eine Prioritätsregel gibt an, nach welchen Kriterien der nächste Fertigungsauftrag aus allen, die vor einem Betriebsmittel bzw. Unstetigförderer warten, auszuwählen ist. Die Formulierung dieser Vorschrift gibt dann Richtlinien für eine allgemein gültige Abfertigungspolitik vor.

Neben dem Einsatzstatus, ausgedrückt durch den Grundzustand, muß zur
Minimierung der Leerfahrtstrecken das freie Transportmittel ausgewählt werden, das dem Abholort am nächsten liegt. Bei zwei gleich-
weit entfernten Transportmitteln soll das mit der längsten Wartezeit
verplant werden.

DISPOSITION	ATTRIBUT	BEDEUTUNG
Identifikationskomponente	Bezeichner	Ident
Beziehungskomponente	Entfernungsmatrix Wartezeitliste	Entfernung zum Abholort Wartezeit seit letztem Einsatz
Leistungskomponente	- - -	- - -
Kostenkomponente	- - -	- - -

Tab. 17: Attribute der Transportmitteldisposition

<u>Störungsauslösung</u>

Eine wichtige Steuerung gilt der Annäherung des Prozeßablaufs an die
Realität durch die Möglichkeit des Aktivierens von Störungen, da vor
allem in realen Prozessen mit zufallsverteilten Störungen gerechnet
werden muß und diese das Prozeßergebnis entscheidend beeinflussen.
Das bedeutet für das Modell, daß für die Betriebsmittel sowie für
die Transportmittel deterministisch, z. B. zur Abbildung von regel-
mäßigen Unterbrechungen wie bei Arbeitspausen sowie zufallsverteilt
z. B. zur Abbildung zufälliger Unterbrechungen durch Defekte,
Störungen generiert werden müssen. Wie bei der Startauslösung sollen
hier Störgeneratoren parallel verfügbar sein, so daß die Störparame-
ter

- Stör-Start,
- Stör-Dauer,

-    Stör-Abstand und

-    Stör-Stop

auch jeweils durch unterschiedliche Verteilungsmöglichkeiten bestimmt und aktiviert werden können.

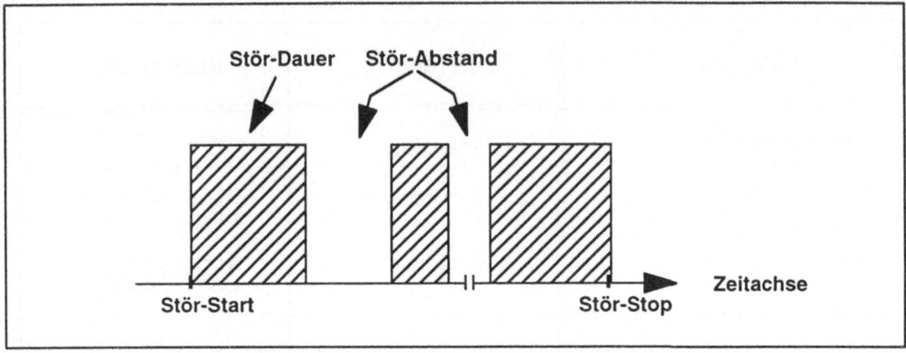

Bild 6:   Beispiel eines Störverlaufs bei Zufallsverteilung

STÖRUNGSAUSLÖSUNG	ATTRIBUT	BEDEUTUNG
Identifikationskomponente	Liste / Generator	Typ (passiv / aktiv)
Beziehungskomponente	Betriebsmittel Transportmittel	Störobjekte
Leistungskomponente	Störstart Stördauer Störabstand Störstop	Störparameter
Kostenkomponente	---	---
Sonstige Attribute	Entnahmeordnung bei Liste	z. B. FIFO

Tab. 18:   Attribute der Störungsauslösung

4.2.3.1.3 <u>Systematik zur Zuordnung von Beziehungen und ihrer Art</u>

Neben den physischen und logischen Elementen müssen zur schnellen Abbildung, d. h. auch zur schnellen Zeitermittlung, speziell für das Modell, statische[1] und dynamische[2] Beziehungen entwickelt werden.

<u>Statische Beziehungen</u>

Aus der Menge der zeitlichen und räumlichen Beziehungen sollen, im Hinblick auf die Ausrichtung des Modells, nur solche Beziehungen dargestellt werden, die zur Ermittlung des vollständigen Zeitgerüsts eine große Rolle spielen. Es handelt sich dabei um die geometrische Beziehung zwischen Betriebsmitteln sowie die zeitliche Beziehung zwischen Rüstsätzen.

Zur Vereinfachung und Schematisierung linear metrischer Beziehungen zwischen Betriebsmitteln soll hier eine Darstellung als Matrix benutzt werden. Dadurch können - speziell nach einer Berechnung der Transportzeit - aus der Verknüpfung mit der Transportgeschwindigkeit auch die Rechenabläufe beschleunigt werden. Die Entfernungen zwischen den Betriebsmitteln sollen als quadratisches Zahlenschema vorgegeben und dargestellt werden.

Zur Darstellung zeitlicher und gerichteter Beziehungen zwischen Rüstsätzen eines Betriebsmittels, entsprechend der Arbeitsplanvorgabe, soll eine linear zeitliche Matrix als Rüstmatrix berechnet werden. Dies ergibt sich aus einer Auf- und Abrüstmatrix für jedes Betriebsmittel und bleibt während aller Simulationsläufe konstant. Die Umrüstzeiten sollen als quadratisches Zahlenschema zugriffsbereit sein.

---

[1] Statische Beziehungen sind statisch im Hinblick auf alle Eigenschaften - auch auf Zeit. D. h., sie ändern ihre Eigenschaften nicht, solange die Struktur nicht geändert wird.

[2] Zu den dynamischen Beziehungen gehören diejenigen, die sich mit der Zeit ändern.

<u>Dynamische Beziehungen</u>

Als dynamische Beziehungen sollen die Laufzeitparameter des Modells gelten. Darunter sollen die veränderlichen Parameter

- Einsatzzeit (Verfügbarkeit) der Betriebs- und Transport-
  mittel pro Simulationstag,
- Simulationsdauer und
- IntervallLänge als Zeit zwischen Statistikauswertungen

verstanden werden, die sich bei Experimenten je Simulationslauf ändern können. Im Rahmen der Definition der Einsatzzeit soll die Simulationsdauer je Arbeitstag zur Berücksichtigung individueller Betriebszeiten bzw. Schichtmodelle beschrieben werden. Die Einsatzzeit bleibt während der Simulation konstant.

4.2.3.2   <u>Entwicklung eines Umsatzkostenmodells</u>

Das Umsatzkostenmodell als Systematik zur Bestimmung des Gewinns und des Deckungsbeitrags soll hier durch die Entwicklung des Gesamtmodells sowie durch die zu ermittelnden Komponenten beschrieben werden.

Zur Bestimmung der wertorientierten Wirtschaftlichkeit eines Fertigungsprozesses wird das Umsatzkostenverfahren benötigt. Dabei werden die Erlöse und Kosten pro Fertigungsauftrag differenziert ermittelt und einander gegenübergestellt. Außerdem können Rechnungen auf der Basis von "Vollkosten" und "Teilkosten" unterschieden werden. Zunächst wird zur Ermittlung der Erlöse ein Modell wie folgt definiert:

P sei die Menge der Stückgüter, die durch den Fertigungsprozeß hergestellt werden können.

$$P = \left\{ P_i \mid i \in I = \text{Indexmenge} \right\}$$

Die Abbildung APR ordnet jedem Stückgut einen Preis zu, mit dem ein Stück des Stückguts P_i beim Austritt aus dem System bewertet werden soll.[1]

$$APR: P \rightarrow \mathbb{R}$$
$$P_i \mapsto APR(P_i) =: APR_i$$

FA sei Menge der Fertigungsaufträge

$$FA = \left\{ FA_z \mid z \in Z = \text{Indexmenge} \right\}.$$

FAP sei die Abbildung, die jedem Fertigungsauftrag FA_z das Stückgut P_i zuordnet, das durch ihn beauftragt wird.

$$FAP: FA \rightarrow P$$
$$FA_z \mapsto P_i = FAP(FA_z)$$

XP sei die Abbildung, die jedem Fertigungsauftrag FA_z die Anzahl der Stückgüter zuordnet, die - durch diesen Fertigungsauftrag veranlaßt - gefertigt wurde (Ist-Menge[2]).

$$XP: FA \rightarrow \mathbb{N}$$
$$FA_z \mapsto n =: XP_z$$

Ein Fertigungsauftrag kann in mehrere Transportlose gesplittet werden:

$\mathbf{TL} = \left\{ TL_l \mid l \in L \right\}$ sei die Menge aller Transportlose im betrachteten System.

Die Abbildung SPLIT gibt an, in welche Transportlose jeder Fertigungsauftrag gesplittet wurde[3].

---

[1] Diese Bewertung kann als Austrittspreis (Verkaufserlös) pro Stück interpretiert werden.

[2] Die Sollmenge wird in der Kostenrechnung nicht benötigt, weil Kosten und Erträge nur echt hergestellten Stückgütern zugerechnet werden können.

[3] P bezeichnet die Potenzmenge, also die Menge aller Teilmengen.

$$\text{SPLIT: } FA \rightarrow \boldsymbol{P}(\mathbf{TL} \times \mathbb{N}_0)$$
$$FA_z \mapsto \text{SPLIT}(FA_z) = \left\{ \left(TL_{1_1}, n_{1_1}\right), \left(TL_{1_2}, n_{1_2}\right), \ldots \right\}$$

TL_1 bezeichnet das Transportlos, n_1 bezeichnet die Menge, die in diesem Transportlos aus dem Fertigungsauftrag FA_z stammt.
Es gilt

$$XP_z = \sum n_1 \, ,$$

wobei über alle $\left(TL_1, n_1\right) \in \text{SPLIT}\left(FA_z\right)$ zu summieren ist.
D. h., die Summe der Mengen der Transportlose ergibt die Menge des Fertigungsauftrags.

Die Abbildung A ("Ausschuß") ordnet jedem Stückgut seine Ausschußquote zu:

$$A: \ P \rightarrow [0,1]$$
$$P_i \mapsto A\left(P_i\right)$$

XA bezeichnet die Anzahl der zum 'Verkauf', d.h. zum Systemaustritt, verfügbaren Güter, worunter die reduzierte Herstellmenge zu verstehen ist (vgl. 4.2.1.1).

$$XA: FA \rightarrow \mathbb{N}$$
$$FA_z \mapsto XA\left(FA_z\right) =: XA_z := \left[XP_z \cdot A_i\right]^{1)}$$
$$= \left[XP_z \cdot A\left(FAP\left(FA_z\right)\right)\right] \tag{1}$$

Damit ergibt sich der Erlös E_z für den Fertigungsauftrag FA_z zu

$$E_z = XA_z \cdot APR\left(P_i\right)$$
$$= XA_z \cdot APR\left(FAP\left(FA_z\right)\right) \, .$$

Zur Ermittlung der Kosten, im Hinblick auf die Voll- und Teilkostenrechnung, wird das Modell wie folgt erweitert:

---

1) [] - Gaußklammern bezeichnen die Größte Ganze Funktion.

Entsprechend der Vollkostenrechnung zur Bestimmung des Gewinns müssen die Selbstkosten auf Vollkostenbasis berechnet werden, die sich aus den Herstellkosten und den Vertriebs- und Verwaltungskosten zusammensetzen. Da bei diesem hier vorgestellten Verfahren der Schwerpunkt nicht auf der Ermittlung der Gemeinkosten liegen soll, muß zunächst ein Ansatz zur Ermittlung der Herstellkosten entwickelt werden, die den Fertigungsaufträgen zugerechnet werden können. Die Gemeinkosten werden im folgenden deshalb vernachlässigt.

Die im Zusammenhang mit dem Fertigungsprozeß entstehenden Herstellkosten müssen im Rahmen einer Kalkulation[1] auf die Kostenträger (im vorliegenden Fall Fertigungsaufträge) verteilt werden. Dazu eignet sich, neben der Divisionskalkulation[2] und der Kalkulation von Kuppelprodukten[3], die Zuschlagskalkulation[4] am besten, da sie die im Hinblick auf die Simulation geforderte Genauigkeit unterstützt. D. h., daß sich die Ungenauigkeit nur auf die Umlage der nicht bezugsgrößenorientierten echten Gemeinkosten bezieht, die hier jedoch von untergeordneter Bedeutung sind.

Dabei ist das Ziel zu verfolgen, einen größeren Anteil der Material- und Fertigungskosten durch den durch die Simulation möglichen Ausweis der Transportzeiten direkt als Einzelkosten darzustellen. Dazu ist die Berechnung der Herstellkosten entsprechend der für die Simulation definierten Elemente zu erweitern und für ein Jahr kalkulatorisch durchzuführen.

---

[1] Die Kalkulation kann als Vorkalkulation zur Preisbildung und Plangewinnbestimmung, als Zwischenkalkulation für Fertigungsaufträge mit langer Fertigungsdauer, zur Kontrolle der Vorkalkulation und als Nachkalkulation zur Bestimmung des Gewinns durchgeführt werden.

[2] Bei der Divisionskalkulation werden die Kosten einer Periode durch die Zahl der Fertigungsaufträge dividiert.

[3] Kuppelprodukte fallen beim gleichen Fertigungsprozeß gleichzeitig an. Es können hierbei die Markt- und Restwertrechnungen unterschieden werden.

[4] Bei der Zuschlagskalkulation werden die Einzelkosten den Kostenträgern direkt zugerechnet und die Gemeinkosten über die Zuschlagsätze zugeteilt.

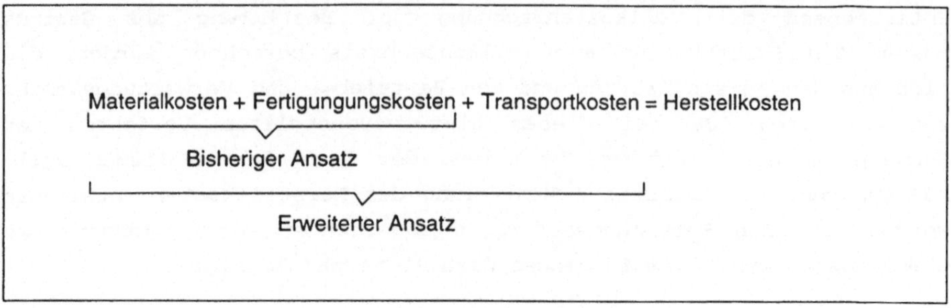

$$\underbrace{\underbrace{\text{Materialkosten} + \text{Fertigungungskosten}}_{\text{Bisheriger Ansatz}} + \text{Transportkosten}}_{\text{Erweiterter Ansatz}} = \text{Herstellkosten}$$

Bild 7:   Struktur der Herstellkosten[1] /4/

Dazu wird zunächst ein Modell zur Durchführung einer Vollkostenrechnung definiert. Die Vollkosten legen fest, welche Kosten für ein Stück des Fertigungsauftrags FA_z angefallen sind. Sie sind also direkt abhängig von der Fertigungslosgröße.

Die Abbildung K ordnet jedem Fertigungsauftrag FA_z die Kosten zu, die der Fertigungsauftrag verursacht hat.

$$K:\ FA \to \mathbb{R} \tag{2}$$
$$FA_z \mapsto K\big(FA_z\big) =: K_z$$

K_z bezeichnet die Herstellkosten, die wegen der Vernachlässigung der Gemeinkosten auch den Selbstkosten entsprechen.

Die Herstellkosten setzen sich zusammen aus:

-    Materialkosten (K_{MAT_z}),
-    Fertigungskosten (K_{FERT_z}) und
-    Transportkosten (K_{TRANS_z}).

Die <u>Materialkosten</u> berechnen sich nach folgendem Modell /73/:
Die Abbildung EPR ('Eintrittspreis') ordnet jedem Stückgut den Preis zu, mit dem das (gesamte) Material für 1 Stück des Stückguts P_i bewertet wird.

---

[1] Die Kostenstruktur besteht hier aus den schon genannten Kostenarten Personal-, Kapital-, Sonderkosten und Eintrittspreis.

$$\text{EPR: } P \to \mathbb{R}$$
$$P_i \mapsto EPR(P_i) =: EPR_i$$

Die Kapitalbindung wird anhand der Wertzuwachskurve ermittelt.

Die Kapitalbindung für 1 Stück des Fertigungsauftrags FA_z errechnet sich zu

$$KB_z = \int_{T_{z,1}}^{T_{z,2}} W_z(t)dt \, ,$$

wobei $W_z(t)$ die Kurve der Wertschöpfung für 1 Stück des Stückguts des Fertigungsauftrags darstellt. $T_{z,1}$ und $T_{z,2}$ bezeichnen Eintritts- und Austrittszeitpunkt in das bzw. aus dem System.

Eine derartig feine Unterteilung entsprechend der kostenbezogenen Werterhöhungen ist zur genauen Berechnung der Kapitalbindung notwendig, da sich die Bearbeitungs-, Transport- und Wartezeiten sowohl hinsichtlich ihrer Dauer als auch ihrer aktuellen Wertigkeit stark unterscheiden. Nur mit der Simulation ist es möglich, die dazu erforderliche Genauigkeit bei der Erfassung der Zeit- und Wertdaten zu erreichen.

Dazu werden im Simulationssystem fortlaufend die Beginn- und Endzeitpunkte eines Bearbeitungs- und Transportvorgangs erfaßt und die Kapitalbindung berechnet.

Dadurch entstehen Kapitalbindungskosten pro Stück des Stückguts des Fertigungsauftrags FA_z von

$$K_{BK_z} = KB_z \cdot p \, .$$

p = kalkulatorischer Kapitalzinssatz

Damit ergeben sich die Materialkosten zu

$$K_{MAT_z} = \left(EPR_i + KB_z \cdot p\right) \cdot XP_z$$
$$= \left(EPR\left(FAP\left(FA_z\right)\right) + KB_z \cdot p\right) \cdot XP_z \ [1] \qquad\qquad (3)$$

<u>Fertigungskosten</u> berechnen sich aus Bearbeitungskosten und Rüstkosten.

Dazu müssen Betriebsmittel eingeführt werden.

$\mathbf{BM} = \left\{BM_j \mid j \in J = \text{Indexmenge}\right\}$ sei die Menge der Betriebsmittel.

Jedes Betriebsmittel kann verschiedene Rüstzustände einnehmen.

$RZ = \left\{RZ_k \mid k \in K = \text{Indexmenge}\right\}$ seien alle möglichen Rüstzustände aller Betriebsmittel. Die Abbildung RBM ordnet jedem Betriebsmittel die möglichen Rüstzustände zu.

$$RBM: \mathbf{BM} \rightarrow \mathbf{P}(RZ)$$
$$BM_j \mapsto RBM\left(BM_j\right) =: RBM_j$$

RBM_j bezeichnet die möglichen Rüstzustände des Betriebsmittels BM_j.

Die Abbildung RK_j ("Rüstkosten") ordnet mittels einer Rüstmatrix jeweils zwei Rüstzuständen des Betriebsmittels BM_j die Kosten zu, die beim Umrüsten vom ersten auf den zweiten Rüstzustand entstehen.

$$RK_j: RBM_j \times RBM_j \rightarrow \mathbb{R}$$
$$\left(RZ_k, RZ_{k'}\right) \mapsto RK_j\left(RZ_k, RZ_{k'}\right)$$
$$=: RK_{j,k,k'}$$

$RK_{j,k,k'}$ bezeichnen die Rüstkosten am Betriebsmittel BM_j beim Umrüsten von Zustand RZ_k auf $RZ_{k'}$. [2]

Die Abbildung APL ('Arbeitsplan') definiert die Bearbeitungszeit pro Stück des Stückguts P_i und den benötigten Rüstzustand.

---

[1] Zur Vereinfachung wird die Wertschöpfungsphase als gleich für alle Transportlose eines bestimmten Fertigungsauftrags angenommen.

[2] $RK_{j,k,k'}$ berechnet sich nicht durch Multiplikation von Rüstdauer und einem Kostensatz sondern ist festvorgegeben.

$$APL: P \times \mathbf{BM} \rightarrow \mathbb{R} \times RZ$$
$$\left(P_i, BM_j\right) \mapsto \left(te_{ij}, RZ_{ij}\right) := APL\left(P_i, BM_j\right)$$

te_{ij} bezeichnet die Zeit in Zeiteinheiten, die gebraucht wird, um 1 Stück des Produkts i auf dem Betriebsmittel j zu bearbeiten.

Jedem Betriebsmittel wird ein Kostensatz zugeordnet mittels der Abbildung KSB (Kostensatz).

$$KSB: \mathbf{BM} \rightarrow \mathbb{R}$$
$$BM_j \mapsto KSB\left(BM_j\right) =: KSB_j$$

KSB_j bezeichnet den Geldbetrag, den eine Zeiteinheit auf diesem Betriebsmittel kostet.

Dieser Satz wird berechnet, indem die jährlichen Kosten für das Betriebsmittel BM_j auf den Simulationszeitraum normiert und auf die Summe der betriebsmittelbezogenen Arbeitszeiten umgelegt werden.

$$KSB_j = \frac{JK_j}{\displaystyle\sum_{\substack{z \in Z \\ P_i = FAP\left(FA_z\right)}} XP_z \cdot te_{ij}} \cdot \frac{t_{sim}}{ZEJ}$$

JK_j = Jahreskosten[1] des Betriebsmittels BM_j

t_{sim} = Simulierte Prozeßzeit (in Zeiteinheiten, z. B. Arbeitstagen)

ZEJ = Anzahl der Zeiteinheiten in einem Jahr

Die Fertigungskosten pro Fertigungsauftrag FA_z ergeben sich aus der Summe der Bearbeitungskosten und der Rüstkosten und berechnen sich dann aus den Bearbeitungszeiten, der Stückzahl des Fertigungsauftrags, dem Kostensatz des Betriebsmittels und den angefallenen Rüstkosten:

---

[1] Die Jahreskosten für das Betriebsmittel BM_j setzen sich aus Personal-, Instandhaltungs-, Raum-, Versicherungs-, Energiekosten sowie aus einer kalkulatorischen Abschreibung und einer kalkulatorischen Verzinsung zusammen. Dies entspricht der Literatur /z. B. 37/ und soll hier nicht weiter ausgeführt werden.

$$K_{FERT_z} = K_{BEARB_z} + K_{RÜST_z}$$

$$:= XP_z \cdot \sum_{\substack{j \in J \\ P_1 = FAP(FA_z)}} te_{ij} \cdot KSB_j + \sum_{\substack{j \in J \\ P_1 = FAP(FA_z) \\ RZ_{K\cdot} = \Pi_2\left(APL\left(P_1, BM_j\right)\right) \\ l \in L \text{ mit } \Pi_2\left(\text{Split}\left(FAZ, BM_j\right)\right) \neq 0}} RK_{j,K,K'} \cdot \Delta_1 \tag{4}$$

[1]

$$\text{mit} \quad \Delta_1 := \begin{cases} 0 & \text{für } T_1 \text{ wurde nicht umgerüstet} \\ 1 & \text{für } T_1 \text{ wurde umgerüstet} \end{cases}$$

Die <u>Transportkosten</u>, die von einem Fertigungsauftrag verursacht werden, ergeben sich aus den Transportzeiten aller Transportlose des Fertigungsauftrags, bewertet mit einem Durchschnittskostensatz für alle Transportmittel[2]. Dieser Durchschnittskostensatz KST wird berechnet, indem die Jahreskosten aller Transportmittel auf den Simulationszeitraum normiert und auf die Summe der transportlosbezogenen Transportzeiten umgelegt werden.

$$KST = \frac{JK}{\sum_{l \in L} t_1} \cdot \frac{t_{sim}}{ZEJ}$$

JK = Summe der Jahreskosten <u>aller</u> Transportmittel

t_1 = Transportzeit für Transportlose TL_1 als Summe der Einzeltransportzeiten des Loses zwischen den Betriebsmitteln

Damit ergeben sich die Transportkosten des Fertigungsauftrags zu

$$K_{TRANS_z} = \sum_{\substack{\text{SPLIT}\left(FA_z\right) \ni \left(TL_1, n_1\right) \\ n_1 \neq 0}} t_1 \cdot KST \tag{5}$$

Damit setzen sich schließlich die Herstellkosten K_z des Fertigungsauftrags FA_z zusammen zu

$$K_z = K\left(FA_z\right) = K_{MAT_z} + K_{FERT_z} + K_{TRANS_z},$$

wobei sich K_{MATz} aus (3)

---

[1] Π_2 bezeichnet die Projektion auf die 2. Komponente.

[2] Zur Beschleunigung der Modellier- und Rechenzeit sollen hier, im Gegensatz zu den Betriebsmitteln, ohne Beweis der Annahme, bei den Transportmitteln einheitliche Durchschnitts-Kostensätze verwendet werden.

$$K_{\text{FERT}z} \text{ aus (4) und}$$

$$K_{\text{TRANS}z} \text{ aus (5) berechnen.}$$

Der Gewinn pro Fertigungsauftrag ergibt sich aus der Differenz von Erlös und (Voll-)Kosten, d. h.

$$G_z = E_z - K_z .$$

Der Gesamtgewinn ergibt sich durch Summation über alle Fertigungsaufträge F_z.

$$G = \sum_{z \in Z} G_z$$

<u>Teilkostenrechnung</u>

Im folgenden soll ein Modell zur Teilkostenrechnung dadurch dargestellt werden, daß die Unterschiede zur Vollkostenrechnung aufgezeigt werden. Die Erlöse bei Voll- und Teilkostenrechnung unterscheiden sich nicht.

Bei der Teilkostenrechnung werden dem Fertigungsauftrag nur die variablen Kosten, nicht aber die Fixkosten, zugerechnet. Dies bedeutet für das Modell:

	VOLLKOSTENRECHNUNG		**TEILKOSTENRECHNUNG**	
Materialkosten	Eintrittspreis	$EPR_i{\cdot}XP_z$	Eintrittspreis	$EPR_i{\cdot}XP_z$
	Kapitalbindung	KB_z	Kapitalbindung	$\tilde{K}B_z$
Fertigungskosten	Kosten für Bearbeitung	$K_{\text{BEARB}z}$	Kosten für Bearbeitung	$\tilde{K}_{\text{BEARB}z}$
	Rüstkosten	$K_{\text{RÜST}z}$	Rüstkosten	$\tilde{K}_{\text{RÜST}z}$
Transportkosten	Transportkosten	$K_{\text{TRANS}z}$	Transportkosten	$\tilde{K}_{\text{TRANS}z}$

Tab. 19:   Zuordnung von Kosten

Zur Unterscheidung sind Variablen, die sich bei der Teilkostenrechnung von den entsprechenden Variablen der Vollkostenrechnung
unterscheiden, durch ein "~" gekennzeichnet.

Die Materialkosten bestehen nur aus Kosten für das eingesetzte Material und die anfallende Kapitalbindung und sind daher variabel, d.
h. Vollkosten entsprechen Teilkosten.

Die Kapitalbindung wird bei der Teilkostenrechnung berechnet wie bei
der Vollkostenrechnung zu

$$\tilde{K}B_z = \int\limits_{T_{z,1}}^{T_{z,2}} W_z(t)\ dt \cdot p\ = KB_z \cdot$$

Damit ergeben sich bei Voll- und Teilkostenrechnung die gleichen
Materialkosten.

$$\tilde{K}_{MAT_z} = K_{MAT_z}$$

Die <u>Fertigungskosten</u> unterscheiden sich wie folgt:

Die Kosten für die Bearbeitung durch einen Fertigungsauftrag FA_z errechnen sich bei Vollkosten aus der Belegungszeit te_{ij} und dem
Kostensatz des Betriebsmittels

$$KSB_j = \frac{JK_j}{\sum\limits_{\substack{z \in Z \\ P_i = FAP\left(FA_z\right)}} XP_z \cdot te_{ij}} \cdot \frac{t_{sim}}{ZEJ}\ .$$

Im Kostensatz des Betriebsmittels BM_j werden bei der Teilkostenrechnung bei den Jahreskosten JK_j nur die variablen Kosten des Betriebsmittels, nämlich die variablen Energiekosten E_j und die variablen Personalkosten P_j, berücksichtigt. Damit errechnen sich die
Kosten für die Bearbeitung des Betriebsmittels durch den Auftrag
analog zu K_{BEARB_z}, d. h. gemäß (4) mit verändertem KSB_j[1].

---

[1] Siehe Fußnote 1) S. 80f.

Die Rüstkosten ergeben sich aus der Rüstmatrix in der angegeben ist, welche Kosten $RK_{j,K,K'}$ bei der Umrüstung vom Rüstzustand RZ_K in den Rüstzustand $RZ_{K'}$ anfallen. Die Kosten werden aus den Personalkosten des Rüstpersonals und weiteren Kosten (Verbrauchsmaterial) ermittelt und sind daher variabel. Die Rüstkosten sind daher bei Voll- und Teilkostenrechnung gleich:

$$\tilde{K}_{RÜST_z} = K_{RÜST_z}$$

Die gesamten Fertigungskosten ergeben sich bei der Teilkostenrechnung analog (4) zu

$$\tilde{K}_{FERT_z} = \tilde{K}_{BEARB_z} + \tilde{K}_{RÜST_z}.$$

Die Transportkosten bei Teilkostenrechnung berechnen sich wie folgt:

Der Kostensatz $\tilde{K}ST$ für sämtliche Transportmittel errechnet sich zu

$$\tilde{K}ST = \frac{J\tilde{K}}{\sum_{l \in L} t_l} \cdot \frac{t_{sim}}{ZEJ},$$

wobei $J\tilde{K}$ die variablen Jahreskosten umfaßt, also die Energiekosten und die variablen Personalkosten.

Die Transportkosten $\tilde{K}_{TRANS_z}$ für den Fertigungsauftrag FA_z ergeben sich analog zu (5), wobei statt KST der variable Kostensatz $\tilde{K}ST$ zu nehmen ist.

Damit setzen sich bei Teilkostenrechnung die variablen Herstellkosten des Fertigungsauftrags FA_z zusammen zu

$$\tilde{K}_z = \tilde{K}(FA_z) = \tilde{K}_{MAT_z} + \tilde{K}_{FERT_z} + \tilde{K}_{TRANS_z}.$$

Der Deckungsbeitrag des Fertigungsauftrags ergibt sich aus der Differenz von Erlös und variablen Kosten.

$$DB_z = E_z - \tilde{K}_z$$

Der gesamte Deckungsbeitrag ergibt sich durch Summation.

$$DB = \sum_{z \in Z} DB_z$$

4.2.4   <u>Entwicklung hierarchischer Aspekte der Beschreibungssprache</u>

Für die Konzeption eines Verfahrens zur leistungsorientierten Wirtschaftlichkeitsbestimmung wurden bisher die wesentlichen Aspekte dargestellt. Darüber hinaus ist für die Entwicklung einer vollständigen, analytischen Kostenrechnung zur Ermittlung der wertorientierten Wirtschaftlichkeit und zur Handhabung der Komplexität eine Erweiterung der Beschreibungssprache für die Belange der Kostenstellenbildung notwendig. D. h., eine Erweiterung der realitätsbezogenen organisatorischen Zusammenfassung der schon beschriebenen gegenständlichen Elemente läßt sich eindeutig den Kosten zurechnen.

Die Elemente können im Hinblick auf ihre Nutzung unterschieden werden und lassen sich in einem weiteren Schritt als Kostenstelle definieren[1] oder in Kostenstellen zusammenfassen, also hierarchisch gliedern.

Um die Kostenkontrolle nicht zu ungenau[2] werden zu lassen und um die mit Hilfe der leistungsorientierten Wirtschaftlichkeitsdaten zu errechnenden Kostensätze hinreichend genau zu ermitteln, wird die Kostenstelleneinteilung der Nutzungsorientierung untergeordnet und dazu der Fertigungsprozeß in die Bereiche "Fertigung", "Transport" und "Material" eingeteilt. Um auf dieser Ebene Kostenarten zuweisen zu können, deren verursachungsgerechte Verteilung auf die Bereiche Fertigung, Transport und Material problematisch ist, müßte darüber hinaus eine virtuelle Bereichskostenstelle "Verwaltung und Vertrieb" abgebildet werden. Da sich die Simulation nicht auf indirekte Prozesse bezieht, soll auf die Berücksichtigung dieses Aspekts verzichtet werden.

---

[1] Für die Bildung der Kostenstellen als Grundlage einer realistischen Umlage auf die Kostenträger müssen Grundsätze zur Berücksichtigung der Kostenverantwortung, Kostenverursachung und Maßgrößen der Kostenverursachung beachtet werden. Eine Kostenstelle soll einen selbständigen Verantwortungsbereich darstellen, für die ein Kostenverantwortlicher bestimmt werden kann, um Kostenabweichungen beim Soll/Ist-Vergleich zu vertreten und zu beseitigen.
Eine Kostenstelle muß so gewählt werden, daß die Kosten verursachungsgerecht durch die leistungsorientierten Daten zugewiesen werden können.

[2] Wählt man eine Einteilung der Kostenstellen zu grob, so wird z. B. die Kostenkontrolle zu ungenau, da die mit Hilfe der Bezugsgrößen errechneten Kostensätze für einen Teil der Leistungen zu hoch bzw. für einen anderen Teil zu niedrig sind /73/.

Die Bereichseinteilung als erste Stufe der Kostenstellenbildung des
Simulationsmodells zeigt Bild 8.

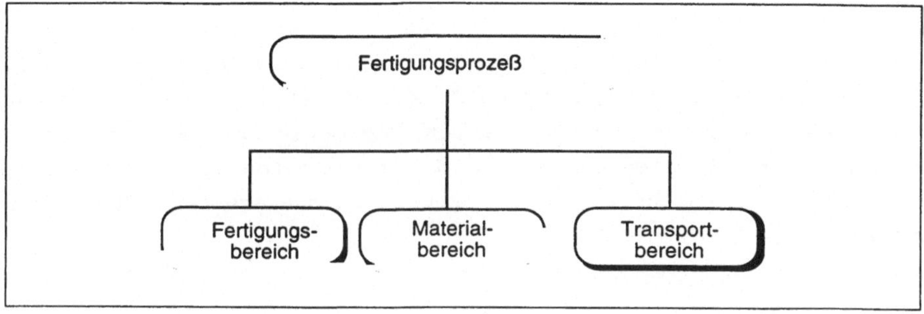

Bild 8:   Bereichseinteilung zur strukturierten Kostenstellenbildung

Fertigungsbereich

Innerhalb des Bereichs Fertigung sollen alle Kosten der Prozeßbear-
beitung erfaßt und kontrolliert werden. Jedes Betriebsmittel, das
durch Maßgabe des Arbeitsplans zeitlich in Anspruch genommen wird
bzw. im Modell existiert, stellt eine Kostenstelle dar. Dieser
Kostenstelle werden alle eindeutig zuweisbaren Kosten zugeteilt[1][2].

Materialbereich

Der Materialbereich dient der Kostenkontrolle der Bestandsmengen von
Stückgütern während ihres Prozeßdurchlaufs entsprechend des
Projektfortschritts und der Kosten der dazu notwendigen Betriebsmittel. Bezogen auf die modellbezogenen physischen Elemente Betriebsmittel mit Puffer, Transportmittel und Senke sollen entsprechend der jeweils dort zeitlich begrenzt befindlichen Stückgüter die
Kostenstellen wie folgt bezeichnet werden:

---

[1] Eine übergeordnete Bereichskostenstelle für Kosten, deren beurteilungsgerechte
Zuteilung Probleme macht, z. B. die Kosten eines Meisters, der für mehrere
Kostenstellen zuständig ist, soll hier nicht definiert werden.

[2] Eindeutig zuweisbare Kosten können über die der physisch abgebildeten Elemente
hinaus auch Elemente sein, die parallel der Erzeugung einer Wertschöpfung dienen, z. B. Personal, Rüstsatz (siehe Attribute des Betriebsmittels).

-    Eingangspuffermaterial,
-    Betriebsmittelmaterial,
-    Ausgangspuffermaterial,
-    Transportmaterial.

Die Kostenstellen Eingangspuffer- und Ausgangspuffermaterial sowie Transportübernahme/-übergabematerial sollen als virtuelle Kostenstelle nur den Kostenverbrauch durch Kapitalbindung dokumentieren. In allen Kostenstellen sollen zu Intervallzeitpunkten analytische Auswertungen hinsichtlich der aktuell eingelagerten Stückgüter erfolgen.

Transportbereich

Der Bereich Transport muß, ähnlich wie im Bereich Fertigung, alle eindeutig zuweisbaren Kosten übernehmen. Anders als dort sollen zur Vereinfachung der Kostenrechnung alle Kosten in einer Kostenstelle zusammengefaßt werden. Dies ist möglich, weil die Kosten im Hinblick auf den Einsatz des Verfahrens nicht entsprechend differenziert vorliegen müssen.

Zusammenfassend läßt sich die hierarchische Gliederung als Erweiterung des Systemmodells wie folgt darstellen:

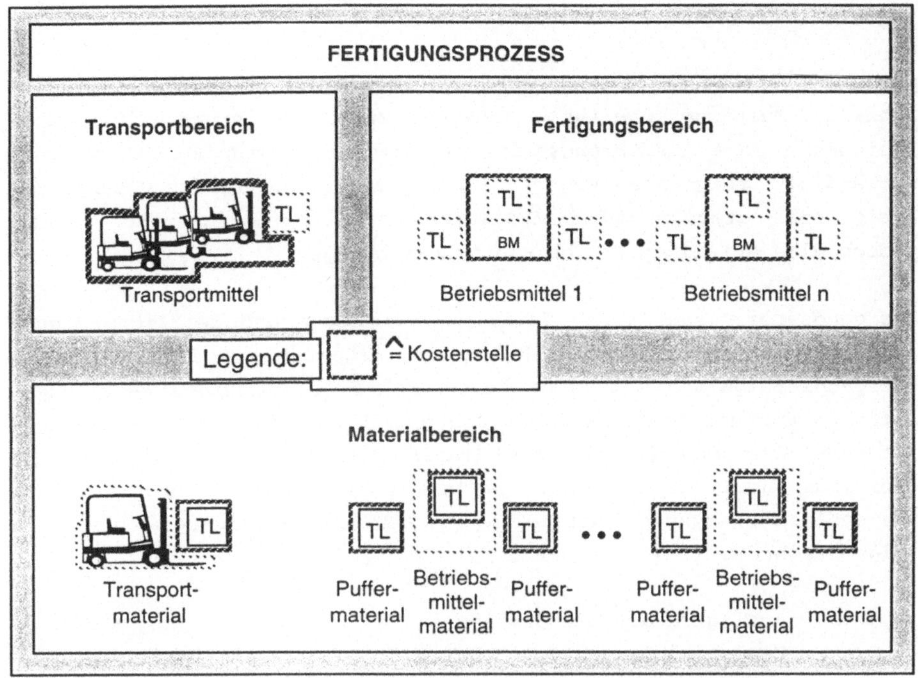

Bild 9:   Hierarchisches Systemmodell (Kostenstellenübersicht)

4.3 Ausführung der Modelle

Für das Simulations- sowie Umsatzkostenmodell sind Mechanismen zum ereignisorientierten bzw. analytischen Betreiben notwendig.

4.3.1 Simulation

Über die bereits beschriebenen Grundverhalten von Elementen hinaus, muß für eine ereignisdiskrete Simulation ein Mechanismus entwickelt werden, der den Fluß diskreter Einheiten als Sequenz diskontinuierlicher Teilprozesse mit festen Zeitintervallen, unter Berücksichtigung der Zustände der Prozeßelemente initiiert und verwaltet. Dazu sollen hier ein Ereignisgerüst entwickelt, die einzusetzenden Mechanismen zur Erzeugung der Zustandsübergänge sowie der Mechanismus zur Verwaltung der Ereignisse beschrieben werden.

4.3.1.1 Entwicklung von Ereignistypen

Jedes beschriebene physische Element muß durch Ereignisse in zeit-
aktuelle Zustände überführt werden. Zur Initiierung sind dabei
Ereignisse ohne Ausführungszeit und Ereignisse mit Ausführungszeit
notwendig. Ereignisse ohne Ausführungszeit, sogenannte Übergangsereignisse, steuern dabei Ereignisse mit Ausführungszeit, werden
jedoch alle auf einen Ereigniszeitpunkt bezogen.

Übergangsereignisse werden durch die räumliche und zeitliche Steuerung der Transportlose mit Hilfe des Arbeitsplans initiiert. Die
Übergangsereignisse sollen den natürlichen Ablauf eines Fertigungsauftrags aus dessen Sicht begleiten und den Zustand des Fertigungsauftrags über den Zustand der Transport- und Bearbeitungselemente
beeinflussen. Durch eine geringe Anzahl Ereignisse lassen sich die
notwendigen Übergänge initiieren und für den Fertigungsauftrag wie
folgt beschreiben:

- Auslagern aus der Quelle,
- Einlagern in das Betriebsmittel (über Puffer),
- Auslagern aus dem Betriebsmittel (über Puffer),
- Einlagern in das Transportmittel,
- Auslagern aus dem Transportmittel.

Durch diese Ereignisse werden Ereignisse mit Zeitverbrauch initiiert. Durch das zeitlich zufallsbedingte oder vorgegebene Ende des
Ereignisses mit Zeitverbrauch ist es möglich, nur mit Startereignis-
sen zu arbeiten. Das Zustandsende ist dabei jedoch stets abhängig
von Zeitverschiebungen durch Störungen oder Blockierung.

Über die genannten, fertigungsauftragsbezogenen Ereignisse hinaus,
müssen für jede dokumentierte Zustandsänderung Ereignisse vorgegeben
werden. Diese sollen hier nicht speziell beschrieben werden.

4.3.1.2 Initiierung der Ereignisse

Ereignisse können sowohl direkt als auch indirekt initiiert werden.
Die direkte Initiierung bezieht sich auf die direkt vom Benutzer
vorgegebenen Ereignisse, wie z. B. das Starten der Simulation. Die
indirekte Initiierung erfolgt durch das Verfahren selbst. So können
z. B. Fertigungsaufträge nach einer bestimmten Verteilung generiert
bzw. Ereignisse fortschreitend mit sogenannten Ereignissteuerungen
über den Arbeitsplan initiiert werden.

Als Prinzip für die Umlagerung des Transportloses eines Fertigungsauftrags mit der indirekten Initiierung bietet sich für das definierte, unstetige Transportmittel das Schiebe-Blockier-Prinzip[1] an.
Es soll hier grundsätzlich eingesetzt werden, weil es sich auch in
der Praxis bewährt hat /33/. Dabei muß am Ende jedes Ereignisses ein
Signal gegeben werden, so daß automatisch ein notwendiges Folge-
ereignis ausgelöst werden kann.

4.3.1.3 Verwaltung von Ereignissen

Die Verwaltung aller Ereignisse erfolgt parallel auf Zeitstrahlen,
auf denen Ereignisse, mittels einer Prozedur, chronologisch geordnet
mit relevanten, konkurrierenden Ereignissen verglichen und durch
entsprechende Maßnahmen abgearbeitet werden. Abgearbeitet werden muß
immer das zeitlich Naheliegendste.

Die Simulation kann dabei auf ein einfaches Reihenfolgeproblem zu-
rückgeführt werden, wobei die Modellierung so erfolgt, als ob die
Bearbeitung zu einem Ereigniszeitpunkt, an den sich der Zeitverbrauch anschließt, durchgeführt wird. Aktuelle Ereignisse, die ge-
rade nicht durchführbar sind (z. B. wegen Blockierung), werden
innerhalb der Ereigniskette gestrichen, ohne daß das Ereignis
ausgeführt wird. Sie werden jedoch sofort eingetragen und ausgeführt, sobald es die Situation zuläßt.

---

[1] Beim Schiebe-Blockier-Prinzip initiieren Auslagerereignisse den Umlagervor-
gang. Das Betriebsmittel versucht, den Fertigungsauftrag in Transportlosen an
das als nächstes adressierte Betriebsmittel mit Hilfe eines unstetigen Transportmittels weiterzuleiten. Ist das unstetige Transportmittel oder das Betriebsmittel bereits belegt, so kommt es zu einer Blockierung des abgegebenden
Betriebsmittels oder Unstetigförderers.

4.3.2   <u>Umsatzkostenrechnung</u>

Da bei analytischen Modellen, im Gegensatz zu experimentellen Model-
len, das Modell einem ausführbaren Modell entspricht, muß an dieser
Stelle auf die schon in Kapitel 4.2.3.2 beschriebene Systematik zur
Bestimmung des Gewinns und des Deckungsbeitrags verwiesen werden.

4.4   <u>Ablauf der simulationsgestützten Wirtschaftlichkeitsbestimmung</u>

Der Ablauf der simulationsgestützten Wirtschaftlichkeitsbestimmung
als schritthaltendes Verfahren erfordert eine parallele Modellierung
eines System- und Umsatzkostenmodells. Sie benötigt jedoch die
zeitlich versetzte Berechnung der Modelle im Rahmen der Ausführung,
weil die Berechnung der Kosten Informationen eines abgeschlossenen
Simulationslaufs benötigt (siehe Bild 10).

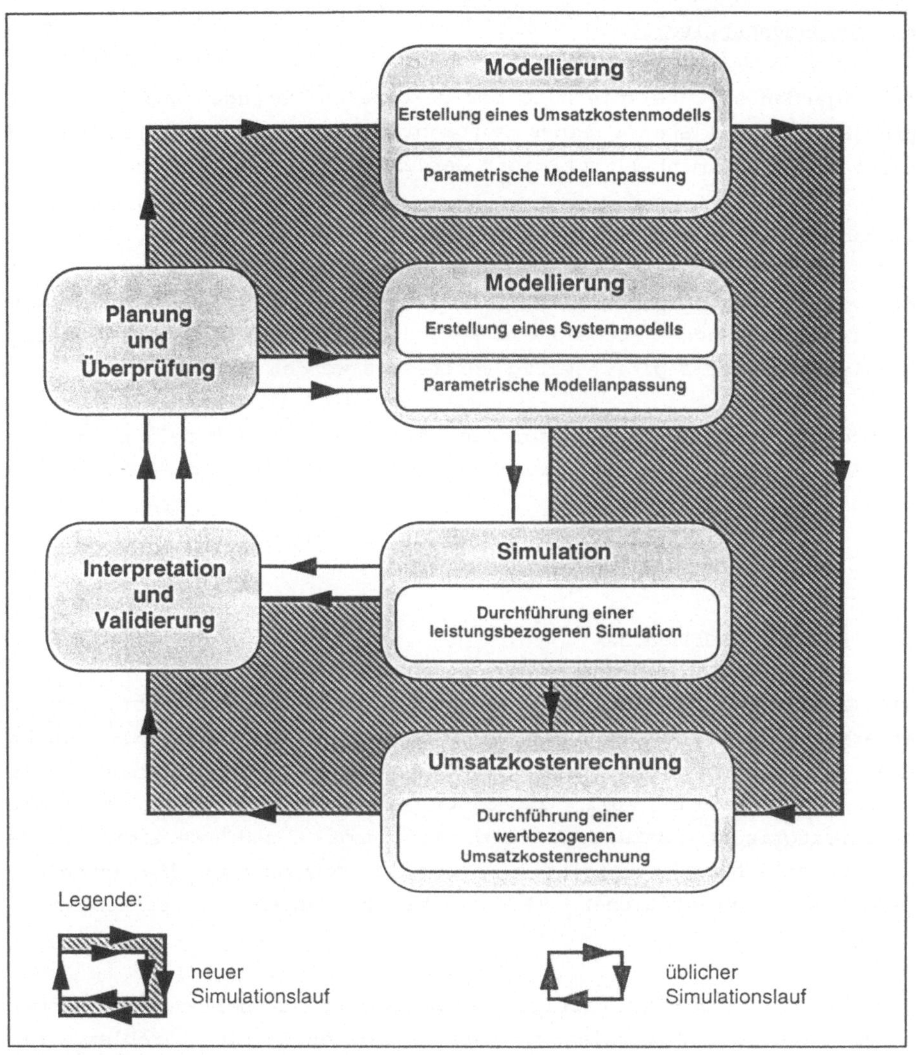

Bild 10: Ablauf der simulationsgestützten Rechnung

5   Anwendungsbeispiel

Im folgenden soll beispielhaft der gekoppelte Montage- und Einstellprozeß für eine Sparte eines Automobilzulieferers integriert beurteilt und experimentell optimiert werden.

Im Rahmen der Ausarbeitung dieser Arbeit wurde das Simulationssystem
FAS[1] entwickelt, das hier die Grundlage zur Erzeugung von
Wirtschaftlichkeitsdaten darstellt. Das Beispiel soll zeigen, wie
die leistungs- und wertbezogene Wirtschaftlichkeit mit Hilfe dieses
Simulationssystems gleichzeitig verbessert werden konnte.

Zunächst sollen das Planungsproblem erläutert, die Modellierung und
die Durchführung der Simulation beschrieben, sowie die Ergebnisse
dargestellt werden.

5.1   Das Planungsproblem

Ein Großunternehmen der elektrotechnischen Industrie fertigt unter
anderem Motorkomponenten. Ein zu erwartender Nachfrageanstieg macht
zwar langfristig einen kapazitiven Ausbau des Fertigungsprozesses
notwendig, jedoch soll zunächst ermittelt werden, inwieweit
organisatorische Maßnahmen die leistungs- und wertorientierte
Wirtschaftlichkeit kurzfristig verbessern könnten, um die anstehen-
den hohen Investitionen (technische Maßnahmen) verschieben zu
können.

Für den vorliegenden Fertigungsprozeßabschnitt sollen, im Rahmen
einer Fertigungsablaufplanung, als mehrdimensionales Problem, die
Auswirkungen der Veränderung der Dimension und der Auftragsreihenfolge mit Hilfe der simulationsgestützten Wirtschaftslichkeits-
bestimmung dokumentiert und die Verbesserungspotentiale aufgezeigt
werden. Entscheidend für die Betrachtung ist die gleichzeitige
leistungs- und wertorientierte Betrachtung, die eine umfassende

---

[1] FAS ist der Name eines EDV-unterstützten Verfahrens, das vom Verfasser am
Fraunhofer-Institut für Produktionstechnik und Automatisierung (IPA) entwickelt und bei Planungsprojekten eingesetzt wird./44,65/

Beurteilung organisatorischer und technischer Aktivitäten schnell ermöglicht.

5.2   <u>Beschreibung des System- und Umsatzkostenmodells</u>

Um zu den gewünschten Ergebnissen zu gelangen, ist es notwendig, das Simulationssystem zielbewußt einzusetzen. Hierbei ist zunächst ein überschaubarer Betrachtungsbereich zu definieren, in dem das vorhandene Problem gelöst werden kann. Gegenstand der Modellierung ist der Montage- und Einstellprozeß als Prozeßabschnitt ohne vor- und nachgelagerte Bereiche, um die Komplexität der Beurteilung der Ergebnisse einzuschränken. Zunächst soll das Modell hinsichtlich

- funktionaler Aspekte,
- struktureller Aspekte und
- hierarchischer Aspekte

beschrieben werden.

<u>Betrachtung funktionaler Aspekte</u>
Im Rahmen der Betrachtung soll der zweistufige Fertigungsprozeß- abschnitt mit den durch das Systemmodell vollständig abzudeckenden Verrichtungen

- Montieren,
- Justieren mit Rüsten,
- Transportieren und
- Warten

abgebildet werden.

Diese Verrichtungen werden durch Arbeitspläne von Fertigungsauf- trägen einer Verrichtungsreihenfolge auf Betriebsmitteln zugeführt, dazu müssen zunächst die strukturellen Aspekte beschrieben werden.

<u>Betrachtung struktureller Aspekte</u>

<u>Gegenständliche Elemente</u>

Betrachtet werden soll dabei ein gekoppelter Montage- und Einstellprozeß, der sich wie folgt darstellt (siehe Bild 11):

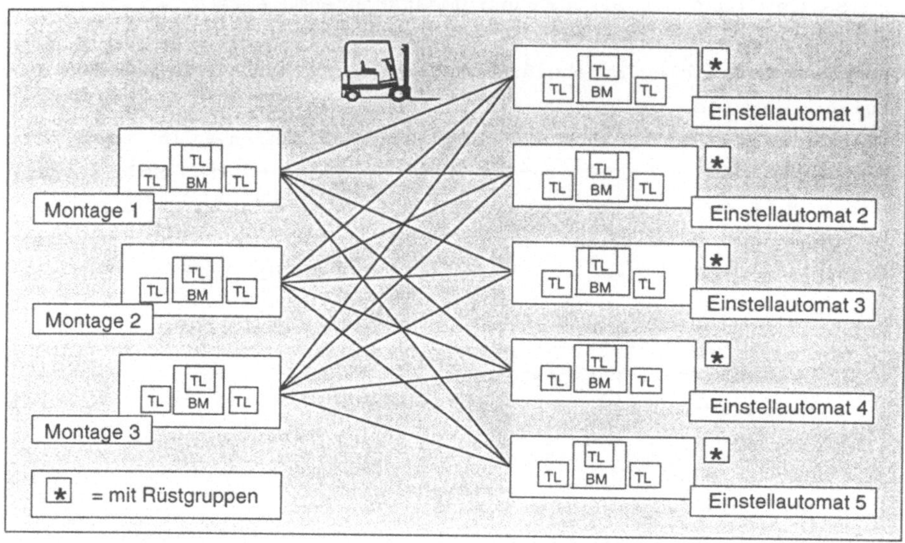

Bild 11:   Betrachteter Fertigungsprozeßabschnitt

Einzelteile aus der Fertigung werden an den Bändern (Montage 1 bis
Montage 3) zusammen mit Zukaufteilen montiert und anschließend an
den Einstellautomaten bzw. an manuellen Einstellgebieten einju-
stiert, um danach kundenspezifisch fertigmontiert zu werden.
Montiert und justiert werden die Motorkomponenten als Fertigungsaufträge mit planerisch festgelegter Auftragsreihenfolge, die auch
für eine termingerechte Anlieferung von Teilen und Zubehör verbind-
lich ist. Die Auftragsreihenfolge berücksichtigt nicht eine optimale
Auslastung der Einstellautomaten, so daß hier der verantwortliche
Meister ständig reaktiv steuernd in den Einstellprozeß eingreifen
muß.

Im Istzustand werden die Montagebänder im 2-Schicht-Betrieb, die Einstellautomaten und die manuelle Einstellung im 3-Schicht-Betrieb eingesetzt. Die zur Harmonisierung notwendigen Zwischenpuffer sollen im Modell durch große Eingangspuffer an den Einstellautomaten realisiert werden.

Einstellautomaten greifen, in Abhängigkeit vom Erzeugnis, auf achtzig unterschiedliche Rüstgruppen zu: Die Umrüstzeit kann je nach Rüstsatzfolge zwischen drei und fünf Stunden betragen.

Hinsichtlich der Ausbringungsmenge gelten folgende Leistungsparameter:

Montagebänder 1 und 2:

	Ausbringungsmenge	ca. 2000 Komp./Tag
	Einsatzzeit	17 h/Tag

$$\text{Taktzeit} \qquad \frac{17\ h}{2000\ Komp} = 30\ \frac{s}{Komp}$$

Montageband 3:

	Ausbringungsmenge	ca. 550 Komp./Tag.
	Einsatzzeit	17 h/Tag

$$\text{Taktzeit} \qquad \frac{17\ h}{550\ Komp} = 111\ \frac{s}{Komp}$$

Einstellautomaten:
Einsatzzeit

Frühschicht:	06.00 – 14.30 h =		8,5 h
Spätschicht:	14.30 - 23.00 h =		8,5 h
Nachtschicht:	23.00 – 06.00 h =		7,0 h
effektiv durch Pausenüberlappung	=		24,0 h

$$\text{Taktzeit} \quad \frac{24\ h}{1080\ Komp} = 80\ \frac{s}{Komp} \le 100\ \frac{s}{Komp} = \frac{24\ h}{864\ Komp}$$

Manuelle Einstellung: Taktzeit: $\qquad 160\ \dfrac{s}{Komp}$

Tab. 20:   Leistungsparameter

Der Transport zwischen Montagebändern und Automaten wird durch zwei Stapler durchgeführt, die mit 0,4 m/s fahren und eine Lastaustauschzeit von 1 s haben. Gegenstand der Verrichtung sind die Motorkomponenten, die am Beispiel des Fertigungsauftrags R285 mit 50

Komponenten je Transportlos weitergegeben werden und einen Eintrittspreis von DM 150,- pro Komponente haben.

Logische Elemente

In den Fertigungsaufträgen werden Wochenbedarfe je Komponententyp zusammengefaßt. Zur Abwicklung der Fertigungsaufträge wird zunächst ein terminiertes Montageprogramm als Auftragsliste entsprechend der Realität manuell erzeugt. Im Normalfall besitzen die einzelnen Fertigungsaufträge gleiche Priorität. Störungen werden hier eingesetzt, um die Nachtschicht an den Montagebändern als verfügbare Arbeitszeit auszublenden.

Beziehungen

Die räumliche Entfernung der Betriebsmittel beträgt je 5 m. Rüstzeitenmatrix und Rüstkostenmatrix sollen hier nicht explizit beschrieben werden, da sie in den Simulationsläufen konstant bleiben. Die Einsatzzeiten der Betriebsmittel sind unterschiedlich je nach Montage- oder Einstellgruppe und Schichtmodell und betragen 17 bzw. 24 Stunden. Die Simulationsdauer beträgt 6 Tage. Die Intervalllänge für die Auswertungsabstände beträgt 8 Stunden.

Darstellung der Kostendaten des Umsatzkostenmodells

Neben der Darstellung des Systemmodells sollen hier tabellarisch (siehe Tabelle 21) die der wertorientierten Rechnung zugrundeliegenden Daten dargestellt werden.

Kosten- stelle	Löhne	[DM/Monat]	Energie- kosten	[DM/Monat]	Raumkosten [DM/Monat]	Wiederbe- schaffungs- kosten [Mio DM]	Nutzungs- dauer [Jahre]
	fix	variabel	fix	variabel			
Transport	24.000	–	300	–	–	0,24	10
Montage 1	60.000	–	400	3 000	450	2,8	15
Montage 2	60.000	–	400	3 000	450	2,8	15
Montage 3	20.000	–	200	1 500	450	0,9	15
EIN/A1	84.000	–	600	9.000	1.200	10,0	10
EIN/A2	84.000	–	600	9.000	1.200	10,0	10
EIN/A3	84.000	–	600	9.000	1.200	10,0	10
EIN/A4	84.000	–	600	9.000	1.200	10,0	10
EIN/A5	84.000	–	600	9.000	1.200	10,0	10
EIN/A6	12.000	–	100	1.000	250	2,0	10

EIN = Einstellautomat

Tab. 21:   Kostengrundlage des Umsatzkostenmodells

Betrachtung hierarchischer Aspekte

Zur realistischen Abbildung der Kosten ist es, aufgrund des relativ
kleinen Systemmodells, möglich, jedes Betriebsmittel als Kostenstelle abzubilden. Dagegen werden alle Transportmittel in einer
Kostenstelle zur Erzeugung eines Durchschnittswerts zusammengefaßt.

5.3 Durchführung der Simulation

Die eigentliche Durchführung der Simulationsstudie kann als iterati-
ver Prozeß aufgefaßt werden, der schon in Kapitel 4.4 dargestellt
wurde.

Zunächst wird der Fertigungsprozeß modelliert und simuliert. Der
nächste Schritt umfaßt dann die Interpretation der Simulationsergebnisse. Daraufhin erfolgt eine parametrische Modellanpassung, die solange vorgenommen wird, bis eine optimierte Lösung erreicht ist. Der
Schleifencharakter der Durchführung wird durch einen ständigen Dialog zwischen Benutzer und Simulationssystem unterstützt.

Im vorliegenden Fall umfaßt das iterative Arbeiten die Abbildung der
terminierten Auftragsreihenfolge und deren Interpretation (SIM 1),
sowie der geschickten Neuterminierung und somit auch der Veränderung
der Auftragsreihenfolge (SIM 2). Darüber hinaus umfaßt sie ebenfalls
die kapazitive Veränderung der Montage 2 durch eine Investition von
1,5 Mio DM und die Beschleunigung des Einstellautomaten 2 bis an die
Kapazitätsgrenze, durch die sich jedoch die Nutzungsdauer um 3 Jahre
reduziert. Beide Betriebsmittel laufen dadurch mit 33 % geringerer
Taktzeit (SIM 3).

Wesentliches Augenmerk bei der Simulation wird, neben der Beobach-
tung der wert- und leistungsorientierten Daten, dem Betriebsmit-
telauslastungsdiagramm geschenkt. Ein optimiertes Endergebnis weist
dabei keinerlei Auslastungslücken sowie nur minimale Rüstvorgänge an
den Einstellautomaten auf (siehe Bild 12).

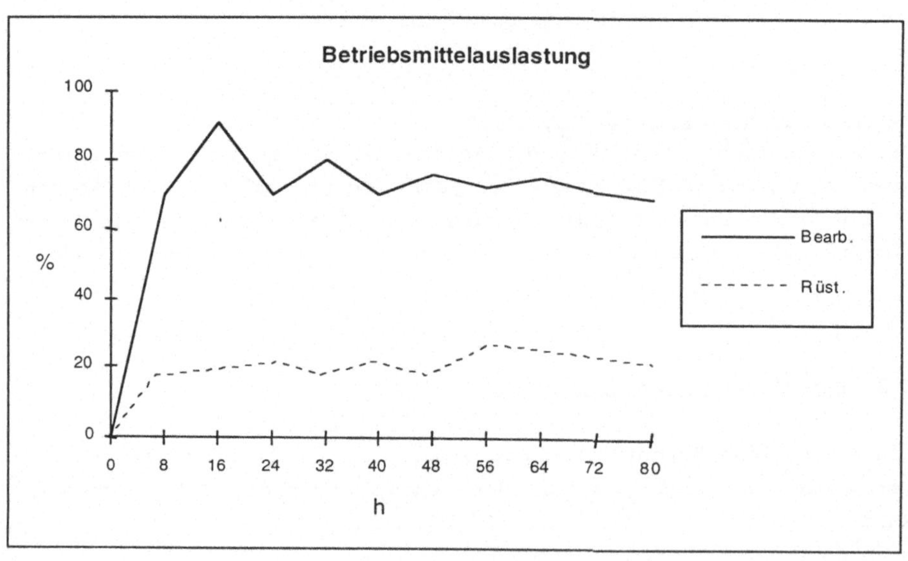

Bild 12.1:Betriebsmittelauslastungsdiagramm

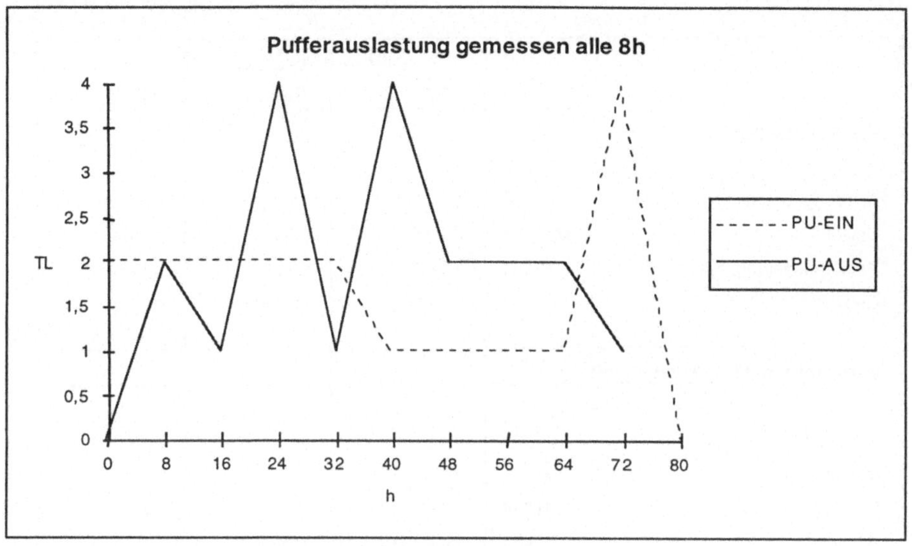

Bild 12.2: Pufferauslastungsdiagramm

5.4 Simulationsergebnisse

Die Ist-Situation konnte im betrachteten exemplarischen Fall mit Hilfe des Simulationssystems integriert abgebildet und jeweils verbessert werden. Die Tabelle 22 weist auszugsweise die quantitativen, wert- und leistungsorientierten Ergebnisse der Simulationsläufe aus.

Das Ergebnis zeigt bei beiden Maßnahmen eine deutliche Optimierung des Gesamtgewinns und Deckungsbeitrags (SIM2/SIM3) durch die Durchsatzverbesserung. Deutlich fällt auch die am Einzelauftrag gemessene Verbesserung, vor allem im Rahmen der Optimierung der Auftragsreihenfolge, auf, die keine Investitionen notwendig macht.

Die Investition (SIM3) wirkt sich dabei wie erwartet wesentlich auf die Durchlaufzeit des Einzelauftrags, weniger auf die Optimierung des Deckungsbeitrags und Gewinns, aus.

		SIMULATIONSLÄUFE		
		SIM 1	SIM 2	SIM 3
Fertigungsprozeß				
Ausbringungsmenge	Stk	16.854	16.920	17.961
Umsatz	Mio DM	6,741	6,768	7,184
Deckungsbeitrag	TDM	339,8	391,9	523,6
Gewinn	TDM	240,6	322,6	397,8
Einzelauftrag: Motorkomponente 1				
Ausbringungsmenge	Stk	800	800	800
Durchlaufzeit	h	34.0	27.8	24.5
Deckungsbeitrag	TDM	144,603	144,632	144,621
Gewinn	TDM	125,908	126,851	126,347

Tab. 22:   Ergebnisauszug der Simulationsläufe
(6 Tage Simulationsdauer)

Fertigungsprozesse müssen auf der Basis des Grundprinzips ökonomischen Handelns auf eine bestimmte Leistung hin ausgelegt werden. Zur Sicherstellung der Wirtschaftlichkeit dieser Prozesse ist es notwendig, schon in einem frühen Planungsstadium Informationen über deren Wirtschaftlichkeit zu erarbeiten. Das Ziel der vorliegenden Arbeit war es, ein verbessertes Verfahren zu entwickeln, das vor allem eine kombinierte wert- und leistungsbezogene und vor allem genaue Beurteilung von Fertigungsprozessen ermöglicht und damit für mehr Entscheidungssicherheit sorgt. Es konnte gezeigt werden, daß dazu ein Verfahren benötigt wird, das in der Form heute nicht vorhanden ist.

Zur Umsetzung der gestellten Ziele wurde auf der Basis eines System- und Umsatzkostenmodells sowie entsprechender Mechanismen ein rechnergestütztes Verfahren konzipiert, das als EDV-Lösung, im Rahmen einer geeigneten Verknüpfung, die gewünschten Verbesserungen erwarten läßt.

Wichtigster Aspekt ist dabei, daß mit Hilfe einer Systematik (Systemmodell) wesentliche Elemente einer Beschreibungssprache derart entwickelt wurden, daß weitere Eigenschaften (z. B. Kosten) der Elemente parallel auch für die schritthaltende Kostenrechnung (Umsatzkostenmodell) genutzt und modelliert werden konnten.

Die Beschreibung eines praktischen Beispiels in Kapitel 5 hat gezeigt, daß das Verfahren die beschriebenen Kriterien erfüllt und somit das Ziel erreicht und durch die erzielte Realitätsnähe und Vollständigkeit der abzubildenden Verrichtungen sogar übertrifft.

Eine Weiterführung der Forschungsarbeit über die Bewertung des Fertigungsprozesses hinaus kann im Hinblick auf die Planung der Prozesse erfolgen. Für eine automatische Optimierung eignen sich dabei heuristische bzw. analytische Verfahren. Hierzu sind geeignete Methoden zu untersuchen und zu adaptieren. Dabei ist zu berücksichtigen, daß die Ziele einer Optimierung von Fertigungsprozessen kontrovers sind. Angestrebt werden können beispielsweise

- Durchlaufzeitminimierung,
- Bestandsreduzierung,
- Termineinhaltung,
- hohe Kapazitätsauslastung,
- usw.

Diese Ziele können nicht gleichzeitig vollständig erfüllt werden,
die Gesamtzielsetzung bleibt somit nicht eindeutig. Neu zu ent-
wickelnde Heuristiken könnten sich an Lösungen mit Hilfe "unscharfer
Logiken" (fuzzy logic) zur Abstimmung mehrerer Zielsetzungen aus-
richten.

Gleichzeitig sollte die Interpretation und Darstellung der viel-
fältigen Ergebnisse optimiert werden, um die Qualität der Informationen an sich zu verbessern.

Eine weitere Aufgabe wäre es, das Verfahren in ein ganzheitliches
Organisations- und Fabrikplanungssystem einzubinden, das darüber
hinaus auch einen reibungslosen Übergang zur Feinsimulation erlaubt.
Dies sollte vor allem durch den Einbezug der prozeßorientierten
indirekten Kosten erfolgen. Auf diese Weise könnten lange vor
Entscheidungszeitpunkten noch aufwandsärmere, entscheidungsrelevante
Informationen bereitgestellt werden.

7   <u>Literaturverzeichnis</u>

     <u>Schrifttum 1</u>

/1/   Brockhaus, F.A.:
      Wiesbaden und DTV GmbH u. Co. KG.
      (Hrsg.): Brockhaus-Lexikon, München, 1982.

/2/   Müller-Merbach, H.:
      Schönheitsfehler der Betriebswirtschaftslehre.
      In: ZfB 53 (1983) 9, S. 811-830.

/3/   Bohr, K.:
      Wirtschaftlichkeit, in: Kosiol, E.; Chmielewicz, K.;
      Schweizer, M. (Hrsg.), HWR, 2. Auflage 1981,
      S. 1795-1805.

/4/   Lücke, W.:
      Investitionslexikon München 1975.

/5/   Warnecke, H. J.:
      Wirtschaftlichkeitsrechnung für Ingenieure.
      Warnecke - Bullinger - Hichert, München
      Wien: Carl Hanser, 1980.

/6/   Meffert, H.:
      Betriebswirtschaftliche Kosteninformationen.
      Dr. Th. Gabler, Wiesbaden 1968.

/7/   Goldratt, E.M. ; Cox, J.:
      Das Ziel.
      Hamburg: MacGraw-Hill 1987.

/8/   Wille, F.:
      Steuerung des Unternehmens durch Lenkpreise.
      In: Bobsin R., Handbuch der Kostenrechnung 1974.

/9/   Drosdowski, G. (Hrsg.):
      Duden, Band 7 "Etymologie": Herkunftswörterbuch der
      deutschen Sprache, Mannheim, Wien, Zürich:
      Dudenverlag, 1989.

/10/ Graf, H.:
Methodenauswahl für die Materialbewirtschaftung in
Maschinenbau-Betrieben.
Mainz: Krausskopf 1977.

/11/ Dangelmaier, W.:
Algorithmen und Verfahren zur Erstellung betrieblicher
Anordnungspläne.
Habilitationsschrift Universität Stuttgart, 1985.
Berlin, Heidelberg, New York: Springer 1986.

/12/ Grochla, E. ; Meller, F.:
Datenverarbeitung in der Unternehmung.
Teil 1: Grundlagen, Reinbek & Rowohlt 1974.

/13/ Klingenberg, G.:
Zeitkontinuierliche   Simulation   im   fertigungstechnischen
Bereich.
Aachen: Dissertation Techn. Hochschule Aachen, 1981.

/14/ Ringes, G.:
Handbuch der Produktionsstättenplanung.
Braunschweig: Viehweg 1976.

/15/ VDI (Hrsg.):
Lexika der Produktionsplanung und Steuerung Düsseldorf,
VDI Verlag, 1992.

/16/ Borchert, H. (Hrsg.):
Lexikon der Wirtschaft. Band: Industrie.
Berlin: Die Wirtschaft 1970.

/17/ Hendriksen, E.S.:
Accounting Theory.
Homewood I11, 1965.

/18/ Börner, D.:
Das Rechnungswesen als Gegenstand unternehmerischer
Entscheidungen, unveröffentl. Habilitationsschrift,
München 1966. Zitiert nach: Meffert, H.: Betriebs-
wirtschaftliche Kosteninformationen, Wiesbaden 1968.

/19/ Albach, H.:
Entscheidungsprozeß und Informationsfluß in der Unter-
nehmensorganisation.
In: Organisation, TFB-Handbuchreihe, 1. Bd.
Hrsg.: Schnaufer, E. und Agthe, K.: Berlin und Baden-
Baden 1961.

/20/ Bullinger, H.-J.; Schröder, G.; Höfling, J.:
CIM in Mark und Pfenning. In: Hard und Soft,
Februar 1987, Seite 30 ff.

/21/ Kirsch, W.:
Gewinn- und Rentabilitätsmaximierung als Determinanten
des Unternehmensgleichgewichts.
Dissertation, München 1964.

/22/ Blank, L.:
The Changing Scene of Economic Analysis for the Eva-
luation of Manufacturing System and Operation.
In: The Engineering Economist Vol. 30 (Springer 1985).

/23/ Wiendahl, H.-P.:
Betriebsorganisation für Ingenieure.
München, Wien 1983.

/24/ Fremdwörterbuch: Der kleine Duden, Mannheim, Wien,
Zürich 1983.

/25/ Schweizer, M. ; Hettich, O. ; Küpper, H.-U.:
Systeme der Kostenrechnung.
Verlag moderne industrie, München 1975.

/26/ Turner, G.:
Entscheidungsorientierte Kostenrechnungsdifferenzierung.
Thun, Frankfurt am Main 1980.

/27/ Vettin, G.:
Verfahren zur technischen Investitionsplanung auto-
matischer flexibler Fertigungsanlagen.
Stuttgart: Dissertation 1982.

/28/ Wiedemann, H.:
Investitionsplanung und Wirtschaftlichkeitsrechnung
für Flexible Fertigungssysteme.
Hrsg.: Universität Passau, Passau 1985.

/29/ Moser, J.:
      Systematische Investitionsplanung.
      Stuttgart: Dissertation 1985.

/30/ Szyperski, N.:
      Zur Problematik der quantitativen Terminologie in der
      Betriebswirtschaftslehre, Berlin 1962.

/31/ Koxholt, R.:
      Die Simulation - ein Hilfsmittel der Unternehmens-
      forschung. München und Wien: Oldenburg 1967.

/32/ Hichert, R.:
      Stufenweise Ableitung eines praktischen Planungs-
      systems für den Entwicklungsbereich.
      Dissertation Universität Stuttgart 1978.
      Mainz: Krausskopf 1978.

/33/ Becker, B.-D.:
      Simulationssystem für Fertigungsprozesse mit
      Stückgutcharakter.
      Dissertation Universität Stuttgart 1990.
      Berlin, Heidelberg, New York, London, Paris,
      Tokyo, Hongkong, Barcelona 1991.

/34/ Mann, R.:
      Strategisches Controlling.
      In: Der Schweizer Treuhänder, 51. Jg., Heft 10, 1977,
      S. 34-37.

/35/ Statistisches Bundesamt:
      Statistisches Jahrbuch 1991.
      Wiesbaden 1991.

/36/ Börnecke, G.:
      Die moderne Fabrik als Herausforderung an die Meß-
      und Regeltechnik.
      In: Schmidt, G.; Thoma, M. (Hrsg.): Fortschritte in
      der Meß- und Automatisierungstechnik durch Informa-
      tionstechnik.
      Berlin, Heidelberg, New York: Springer 1986, S. 1-32.

/37/ Wenzel, R.:
      Untersuchung der Materialflußkosten bei ausgewählten
      Systemen der zentralen Arbeitsverteilung.
      Dissertation Universität Stuttgart, 1978.

/38/ Müller-Merbach, H.:
Operations Research, 3. Auflage, München 1973.

/39/ Olvert, K.:
Investition, 4. Auflage, Friedrich Kiehl Verlag GmbH,
Ludwigshafen 1988.

/40/ Wöhe, G.:
Einführung in die allgemeine Betriebswirtschaftslehre.
Berlin und Frankfurt 1969.

/41/ Papadimitrou, Ch.:
Combinatorial optimization - algorithmus and
complexity. New Jersey: Prentice-Hall 1982.

/42/ Martins, K.:
Interaktive Fertigungssteuerungsstrategien.
In: Widemann, H. (Hrsg.): Planen und Steuern der
Produktion im Wandel.
München: gmft 1985, S. 224 ff.

/43/ Scharf, P.:
Strukturen flexibler Fertigungssysteme.
Mainz: Krausskopf 1976.

/44/ Dangelmaier, W. ; Vollmer, E.:
Integration of Planning and Simulation.
In: Modelling and Simulation, Proceedings of the
1990 European siulation Multiconference
Nürnberg, SCS International, 1990.

/45/ Mag, W.:
Entscheidung und Information, München 1977.

/46/ Becker, B.-D. ; Schmidt, R.:
Costs and benefits of the application of computer
simulation. In: planning of logistic systems.
Nizza: European Simulation Multiconference.
1. - 3. Juni 1988.

/47/ o. v.:
Handbuch des Systems Engineering
Betriebswirtschaftliches Institut der ETH,
Zürich 1976.

/48/ Mills, R. J.:
Simulation for manufacturing systems - a critical review.
In: Rathmill, K. (Hrsg.): Proceedings of the 5th International Conference of FMS.
Berlin, Heidelberg, New York: Springer 1986, S. 225-234.

/49/ Krug, W.:
Zur simulativen Prozeßanalyse von Systemen.
msr 18 (1975) 7, S. 258-261.

/50/ Reisig, R.:
Petrinetze.
Berlin, Heidelberg, New York: Springer 1982.

/51/ Schmalenbach, E.:
Pretiale Wirtschaftslenkung, Band 1 und 2, Bremen -
Horn 1947.

/52/ Knoop, J.:
Prozeßorientierte Kostenrechnung
In: Kostenrechnungspraxis, Nr. 2, 1987, S. 47-58.

/53/ Knoop, J.:
Online-Kostenrechnung für die CIM-Planung.
Reihe: Betriebliche Informations- und Kommunikations-
systeme. Hrsg.: Prof. Dr. H. Krallmann, Berlin 1986.

/54/ Haberstock, L.:
Kostenrechnung II, 4. Auflage, Wiesbaden 1980.

/55/ Pressmar, D.B.:
Kosten- und Leistungsanalyse im Industriebetrieb,
Wiesbaden 1987.

/56/ Riebel, P.:
Einzelkosten- und Deckungsbeitragsrechnung. Grundfragen
einer markt- und entscheidungsorientierten Unternehmens-
rechnung. 2. Auflage, Opladen 1976.

/57/ Büttner, R.:
Controlling von Kosten, Erlösen und Leistungen mit EDV,
Köln-Braunsfeld 1974.

/58/ ISIS-KATALOG 1993
      Nomina Gesellschaft für Wirtschafts- und Verwaltungs-
      register mbH München 1993.

/59/ Plaut, H.-G.:
      Grenzplankosten- und Deckungsbeitragsrechnung als
      modernes Kostenrechnungssystem.
      In: Hrsg. Männel, W.; Handbuch Kostenrechnung.
      Sonderdruck Gabler, ohne Datum.

/60/ Hahn, D.:
      Interaktive Planung und Beurteilung von Layoutalterna-
      tiven im Rahmen des Fabrikplanungsprozesses mit Hilfe
      eines CAD-Systems.
      Düsseldorf, Dissertation, 1984.

/61/ Buchberger, D.:
      Rechnergestützte Strukturplanung von Produktions-
      systemen, Karlsruhe, Dissertation 1989.

/62/ Breitschwert und Partner:
      Executive Information Systems:
      Rahmenbedingungen mac control 1988.

/63/ Weber, J.:
      Buchbesprechung über On-line Kostenrechnung für die
      CIM-Planung. In: Zeitschrift für betriebswirtschaft-
      liche Forschung, Nr. 41, Januar 1989, S. 75 ff.

/64/ Warnecke, H. J.:
      Auslegung aller Teilsysteme der zentralen Arbeits-
      verteilung unter dem Gesichtspunkt der Herstell-
      kostenminimierung im Gesamtsystem Produktion mit
      Hilfe der Simulation.
      Abschlußbericht an die Deutsche Forschungsgemein-
      schaft Stuttgart, 1983.

/65/ Becker, B.-D. ; Vollmer, E.:
      Simulation geht neue Wege.
      In: Logistik Heute, 9 und 10, 1991.

/66/ Rophol, G.: Eine Systemtheorie der Technik.
      Zur Grundlegung der Allgemeinen Technologie.
      Carl Hanser Verlag München/Wien 1979.

/67/ Mertens, P.:
Industrielle Datenverarbeitung, Administrations- und
Dispositionssystem.
4. Auflage, Wiesbaden 1982.

/68/ Vodrazka, K.:
Abrechnung der Materialkosten.
In: HWR, 2. Auflage, Stuttgart 1981.

/69/ Popper, K.:
Objektive Erkenntnis: Ein evolutionärer Entwurf.
Hamburg 1993.

/70/ REFA: Methodenlehre des Arbeitsstudiums.
Kostenrechnung und Arbeitsgestaltung, Teil 3,
München 1972.

/71/ Birolini, A.:
Qualität und Zuverlässigkeit technischer Systeme,
Berlin-Heidelberg 1991.

/72/ Kilger, W.:
Flexible Plankostenrechnung und Deckungsbeitragsrechnung.
8. Auflage, Wiesbaden 1981.

/73/ Kettner, H.; Heinemeyer, W.:
Ursachen der Kapitalbindung im Fertigungsbereich.
In: Hax, K. und Prentzlin, K. (Hrsg.) Instrumente
der Unternehmensführung, München 1973.

<u>Schrifttum 2</u> (in Betracht gezogen)

Dangelmaier, W. ; Becker, B.-D.:
Steuerung in der Simulation von Fertigungsprozessen.
In: Simulation in der Fertigungstechnik.
Feldmann, K.; Schmidt, B. (Hrsg.): Berlin, Heidel-
berg, New York, London, Paris, Tokyo 1988, S. 253-273.

Dangelmaier, W. ; Bachers, R. ; Steffens, H.:
Materialfluß und Logistik. Simulation des Kostenverhaltens in
Materialflußsystemen.
In: Zeitschrift für Logistik 2 (1991) Nr. 1,S. 19-23.

DIN, Deutsches Institut für Normung:
Kosteninformationen, Kurzkalkulationsverfahren,
Entwurf DIN 32992 Teil 2, Berlin 1987.

Griffin, R.:
Choosing and using a simulation system.
In: Hurrison R.D. (Hrsg.): SIMULATION.
Berlin, Heidelberg, New York: Springer 1986,
S. 261-270.

Hillier, F.S. ; Liebermann, G.J.:
Introduction to operations research.
San Francisco: Holden-Day 1980.

Horváth, P.:
Controlling, München 1979.

Horváth, P.:
Aufgaben und Instrumente des Controlling.
In: Goetzhe W.; Sieben, G. (Hrsg.): Controlling-
Integration von Planung und Kontrolle, GEBERA-
Schriften, Band 4, Köln 1979, S. 48.

Huch, B.:
Große Fortschritte beim operativen Controlling.
In: Blick durch die Wirtschaft, Nr. 35, 19. Februar,
1987, S. 3.

Knüpfer:
Rechnergestützte Bestimmung wirtschaftlicher Lagersysteme
für die Fertigwarenverteilung, Aachen, FIR-Mitteilungen,
TH Aachen, 1977.

Krug, W.:
Simulation für Ingenieure.
In: CAD/CAM-Systeme, Berlin, 1989.

Kunz, D.:
Die Simulation - ein erfolgversprechendes Hilfsmittel zur
Ermittlung eines kostengünstigen Warenverteilungssystems.
VDI-Zeitung, Band 120, Nr. 6, 1987, S. 253-258.

Langner, D.:
Fabriksimulation, Entscheidungshilfe bei der Unter-
nehmensführung. In: Feldmann, K.; Schmidt, B (Hrsg.):
Berlin, Heidelberg, New York, London, Paris, Tokyo 1988,
S. 294 ff.

Musselmann, K. J. ; Martin, D. L. ; Bronse, J.:
Applying simulation to assembly line design.
In: Hurrison, R.D. (Hrsg.): SIMULATION.
Berlin, Heidelberg, New York: Springer 1986,
S. 21-34.

Niemayer, G.:
Die Simulation von Systemabläufen mit Hilfe von FORTRAN
IV, Berlin, New York, Verlag Walter de Gruyter, 1972.

Oertli-Cajcob:
Logistik im Lagerbereich. Management-Zeitschrift,
Band 46, 1977, S. 435-438.

Reichwald, R. ; Sievi, Ch.:
Produktionswirtschaft.
In: Heinen E. (Hrsg.): Industriebetriebslehre,
s. Auflage, Wiesbaden 1976.

Roschmann, K.:
Elektronische Fertigungsüberwachung - Betriebsdatenerfassung, Stuttgart, Wiesbaden 1974.

Scheer, W.-W.:
Edv-orientierte Betriebswirtschaftslehre.
Berlin - Heidelberg - New York - Tokyo 1984, S. 108 ff.

Schmidt-Sudhoff, U.:
Unternehmensziele und unternehmerisches Zielsystem.
Wiesbaden: Gabler 1967.

Simon, H.A.:
Information processing models of cognition.
Palo Alto: Annual Review of Psychology 30 (1979),
S. 5.

Stemmer, G.:
MFSP - Ein Verfahren zur Simulation komplexer Materialflußsysteme. Dissertation Universität Stuttgart, 1976.

Stobbe, A.:
Wirtschaftskreislauf und Sozialprodukt.
In: Kompendium der Volkswirtschaftslehre.
Hrsg.: Ehrlicher, W.; Esenwein-Rothe, J.;
Jürgensen, H.: Göttingen 1972.

TGL 145 91: Automatische Steuerung (Januar 1978).

IPA Forschung und Praxis

Schriftenreihe aus dem Institut für Produktionstechnik und
Automatisierung, Stuttgart

Herausgeber: Prof. Dr.-Ing. H. J. Warnecke

Datenerfassung im Produktionsbereich
Von E. Bendeich. ISBN 3-7830-0117-8.
1977, 176 Seiten, kartoniert.   54,— DM

Methodenauswahl für die Materialbewirtschaftung in Maschinenbau-Betrieben
Von H. Graf. ISBN 3-7830-0136-6.
1977, 144 Seiten, kartoniert.   54,— DM

Systematische Auswahl von Förderhilfsmitteln für den innerbetrieblichen Materialfluß
Von W. Rau. ISBN 3-7830-0139-0.
1977, 103 Seiten, kartoniert.   40,— DM

Grundlagen zur Planung von Ersatzteilfertigungen
Von E. Schulz. ISBN 3-7830-0138-2.
1977, 98 Seiten, kartoniert.   40,— DM

Rechnerunterstützte Fabrikplanung
Von B. Minten. ISBN 3-7830-0116-1.
1977, 124 Seiten, kartoniert.   38,— DM

Eine Planungsmethode für automatische Montagesysteme
Von H.-G. Löhr. ISBN 3-7830-0120-X.
1977, 108 Seiten, kartoniert.   32,— DM

Planung und Bewertung von Arbeitssystemen in der Montage
Von H. Metzger. ISBN 3-7830-0131-5.
1977, 108 Seiten, kartoniert.   40,— DM

Klassifizierungssystem für Prüfmittel der industriellen Längenprüftechnik
Von R. Czetto. ISBN 3-7830-0144-7.
1978, 181 Seiten, kartoniert.   64,— DM

Rechnerunterstützte Montageplanung
Von O. Hirschbach. ISBN 3-7830-0149-8.
1978, 146 Seiten, kartoniert.   52,— DM

Rechnerunterstützte Entwicklung von Simulationsmodellen für Unternehmensplanspiele
Von A. Moker. ISBN 3-7830-0147-1.
1978, 181 Seiten, kartoniert.   64,— DM

Arbeitsplatzanalysen zur Ermittlung der Einsatzmöglichkeiten und Anforderungen an Industrieroboter
Von G. Herrmann. ISBN 37830-0151-X.
1978, 113 Seiten, kartoniert.   40,— DM

MFSP — Ein Verfahren zur Simulation komplexer Materialflußsysteme
Von G. Stemmer. ISBN 3-7830-0118-8.
1977, 140 Seiten, kartoniert.   60,— DM

Berührungslose Erkennung durch Positionsbestimmung von Objekten durch inkohärent-optische Korrelation
Von M. Konig. ISBN 3-7830-0137-4.
1977, 110 Seiten, kartoniert.   40,— DM

Auslegung von Störungspuffern in kapitalintensiven Fertigungslinien
Von R. v. Stetten. ISBN 3-7830-0140-4.
1977, 154 Seiten, kartoniert.   56,— DM

Flexible Transportablaufsteuerung
Von G. Römer. ISBN 3-7830-0114-5.
1977, 188 Seiten, kartoniert.   60,— DM

Rechnergestützte Realplanung von Fabrikanlagen
Von T.-K. Sauter. ISBN 3-7830-0119-6.
1977, 108 Seiten, kartoniert.   32,— DM

Systematisches Auswählen und Konzipieren von programmierbaren Handhabungsgeräten
Von R. D. Schraft. ISBN 3-7830-0115-3.
1977, 108 Seiten, kartoniert.   32,— DM

Auslandsproduktion
Von W. Cypris. ISBN 3-7830-0145-5.
1978, 126 Seiten, kartoniert.   42,— DM

Wirtschaftlicher Einsatz von Mehrkoordinatenmeßgeräten
Von M. Dietzsch. ISBN 3-7830-0148-X.
1978, 142 Seiten, kartoniert.   52,— DM

Fertigungssteuerung bei flexiblen Arbeitsstrukturen
Von K.-G. Lederer. ISBN 3-7830-0146-3.
1978, 128 Seiten, kartoniert.   42,— DM

Untersuchungen zum Polieren und Entgraten durch elektrochemisches Oberflächenabtragen
Von K. Zerweck. ISBN 3-7830-0150-1.
1978, 110 Seiten, kartoniert.   40,— DM

Stufenweise Ableitung eines praktischen Planungssystems für den Entwicklungsbereich
Von R. Hichert. ISBN 3-7830-0149-8.
1978, 151 Seiten, kartoniert. 52.— DM

Produktionsplanung mit Auftragsfamilien
Von U. W. Geitner. ISBN 3-7830-0161.7
1979, 110 Seiten, kartoniert. 45.— DM

Thermisch-chemisches Entgraten
Von T. Wagner. ISBN 3-7830-0164-1.
1979, 111 Seiten, kartoniert. 45.— DM

Untersuchung der Materialflußkosten bei ausgewählten Systemen der Zentralen Arbeitsverteilung
Von R. Wenzel. ISBN 3-7830-0162-5.
1979, 168 Seiten, kartoniert. 86.— DM

Anpassung und Einführung eines Planungssystems für die Ablaufplanung im Konstruktionsbereich
Von W. Dangelmaier. ISBN 3-7830-0163-3
1979, 168 Seiten, kartoniert. 80.— DM

Längenmessungen an bewegten Teilen mit berührungslos wirkenden Aufnehmern
Von H. Lang. ISBN 3-7830-0157-9
1979, 89 Seiten, kartoniert. 42.— DM

Untersuchung multistabiler Strömungselemente und ihr Einsatz in sequentiellen Steuerungen
Von A. Ernst. ISBN 3-7830-0157-9
1979, 122 Seiten, kartoniert. 48.— DM

Taktile Sensoren für programmierbare Handhabungsgeräte
Von M. Schweizer. ISBN 3-7830-0158-7
1979, 91 Seiten, kartoniert. 42.— DM

Die rechnerunterstützte Prüfplanung
Von P. Blasing ISBN 3-7830-0152-8.
1979, 100 Seiten, kartoniert. 44.— DM

Verfahren zur Fabrikplanung im Mensch-Rechner-Dialog am Bildschirm
Von W. Ernst. ISBN 3-7830-0156-0.
1979, 218 Seiten, kartoniert 72.— DM

Rechnerunterstütztes Verfahren zur Leistungsabstimmung von Mehrmodell-Montagesystemen
Von M. Gorke ISBN 3-7830-0155-2.
1979, 139 Seiten, kartoniert 50.— DM

Standortbezogene Betriebsmittel
Von G. Pflieger ISBN 3-7830-0167-6
1979, 127 Seiten, kartoniert. 52.— DM

Die betriebswirtschaftliche Beurteilung neuer Arbeitsformen
Von B.-H. Zippe. ISBN 3-7830-0168-4.
1979, 350 Seiten, kartoniert. 98.— DM

Untersuchung des Arbeitsverhaltens programmierbarer Handhabungsgeräte
Von B. Brodbeck. ISBN 3-7830-0169-2
1979, 117 Seiten, kartoniert 48.— DM

Untersuchung eines kohärent-optischen Verfahrens zur Rauheitsmessung
Von N. Rau ISBN 3-7830-0174-9
1979, 117 Seiten, kartoniert 48.— DM

Entwicklung einer programmierbaren, pneumatischen Steuerung
Von D. Klemenz. ISBN 3-7830-0171-4
1979, 93 Seiten, kartoniert 42.— DM

IPA Forschung und Praxis

Berichte aus dem Fraunhofer-Institut für Produktionstechnik und
Automatisierung, Stuttgart, und dem Institut für Industrielle Fertigung
und Fabrikbetrieb der Universität Stuttgart

Herausgeber: Prof. Dr.-Ing. H. J. Warnecke

38 **Arbeitsgangterminierung mit variabel strukturierten Arbeitsplänen — Ein Beitrag zur Fertigungssteuerung flexibler Fertigungssysteme**
Von U. Maier. ISBN 3-540-10213-2.
1980, 111 Seiten mit 45 Abbildungen. 43.— DM

39 **Kapazitätsabgleich bei flexiblen Fertigungssystemen**
Von P. S. Nieß. ISBN 3-540-10372-4.
1980, 151 Seiten mit 57 Abbildungen 48.— DM

40 **Schichtdickenverteilung auf galvanisierten Paßteilen am Beispiel kleiner abgesetzter Wellen und Bohrungen**
Von D. Wolfhard. ISBN 3-540-10373-2.
1980, 177 Seiten mit 83 Abbildungen 48.— DM

41 **Planung von Mehrstellenarbeit unter Berücksichtigung von Umfeldaufgaben**
Von S. Haußermann. ISBN 3-540-10374-0.
1980, 136 Seiten mit 59 Abbildungen 48.— DM

42 **Untersuchungen zur Schmierfilmdicke in Druckluftzylindern — Beurteilung der Abstreifwirkung und des Reibungsverhaltens von Pneumatikdichtungen mit Hilfe eines neu entwickelten Schmierfilmdicken-meßverfahrens**
Von R. Köhnlechner. ISBN 3-540-10375-9.
1980, 100 Seiten mit 38 Abbildungen und 4 Tabellen. 43.— DM

43 **Typologie zum überbetrieblichen Vergleich von Fertigungssteuerungsverfahren im Maschinenbau**
Von G. Rabus. ISBN 3-540-10376-7.
1980, 174 Seiten mit 88 Abbildungen und 21 Tafeln 48.— DM

44 **System zur Planung des Umlaufbestandes in Betrieben mit Serienfertigung**
Von K.-G. Wilhelm. ISBN 3-540-10377-5.
1980, 142 Seiten mit 67 Abbildungen und 15 Tafeln 48.— DM

45 **Rechnerunterstützte Arbeitsplanerstellung mit Kleinrechnern, dargestellt am Beispiel der Blechbearbeitung**
Von W. Hoheisel. ISBN 3-540-10505-0.
1981, 169 Seiten mit 74 Abbildungen. 48.— DM

46 **Beitrag zur Verbesserung der Wirtschaftlichkeit EDV-unterstützter Fertigungssteuerungssysteme durch Schwachstellenanalyse**
Von J. Lienert. ISBN 3-540-10506-9
1981, 148 Seiten mit 37 Abbildungen. 48.— DM

47 **Die Abscheidung von Öl an Entlüftungsöffnungen drucklufttechnischer Anlagen**
Von W.-D. Kiessling. ISBN 3-540-10604-9.
1981, 117 Seiten mit 48 Abbildungen und 3 Tabellen. 43.— DM

48 **Dynamische Optimierung technisch-ökonomischer Systeme**
Von J. Warschat. ISBN 3-540-10717-7.
1981, 132 Seiten mit 60 Abbildungen. 43.— DM

49 **Bildsensor zur Mustererkennung und Positionsmessung bei programmierbaren Handhabungsgeräten**
Von H. Geißelmann. ISBN 3-540-10735-5.
1981, 125 Seiten mit 52 Abbildungen. 43.— DM

50 **Verfügbarkeitsberechnung für komplexe Fertigungseinrichtungen**
Von Ekkehard Gericke. ISBN 3-540-10779-7.
1981, 132 Seiten mit 71 Abbildungen. 43.— DM

51 **Materialflußgestaltung in Fertigungssystemen**
Von Willi Rößner. ISBN 3-540-10888-2.
1981, 149 Seiten mit 76 Abbildungen. 48.— DM

52 **Beitrag zur Analyse der Auswirkungen der Mikroelektronik, dargestellt am Beispiel der Büromaschinen-Industrie**
Von Werner Neubauer. ISBN 3-540-10991-9.
1981, 145 Seiten mit 27 Abbildungen und 47 Tabellen. 43.— DM

53 **Modelle von Informationssystemen zur kurzfristigen Fertigungssteuerung und ihre Gestaltung nach betriebsspezifischen Gesichtspunkten**
Von Roland Gentner. ISBN 3-540-10992-7.
1981, 181 Seiten mit 69 Abbildungen und 7 Tabellen. 48.— DM

54 **Entwicklung von Verfahren zur Terminplanung und -steuerung bei flexiblen Montagesystemen**
Von Jürgen H. Kolle. ISBN 3-540-11227-8.
1981, 132 Seiten mit 64 Abbildungen und 1 Faltplan. 43.— DM

55 **Arbeits- und Kapazitätsteilung in der Montage**
Von Stefan Dittmayer. ISBN 3-540-11228-6.
1981, 124 Seiten und 56 Abbildungen. 43.— DM

56 **Beitrag zur systematischen Planung der Qualitätsprüfung bei Klein- und Mittelserienfertigung**
Von Herbert Babic. ISBN 3-540-11325-8
1982, 108 Seiten mit 38 Abbildungen und 7 Tabellen. 53.— DM

57 **Methode zur rechnerunterstützten Einsatzplanung von programmierbaren Handhabungsgeräten**
Von Uwe Schmidt-Streier. ISBN 3-540-11355-X.
1982, 188 Seiten mit 72 Abbildungen. 53.– DM

58 **Werkstoff- und Energiekennwerte industrieller Lackieranlagen, am Beispiel der Automobilindustrie**
Von Rainer Manfred Thiel. ISBN 3-540-11356-8.
1982, 116 Seiten mit 59 Abbildungen. 53.– DM

59 **Maßnahmen zum Verbessern der pneumatischen Lackzerstäubung – Teilchengrößenbestimmung im Spritzstrahl –**
Von Klaus Werner Thomer. ISBN 3-540-11507-2.
1982, 162 Seiten mit 94 Abbildungen und 1 Tabelle. 53.– DM

60 **Ermittlung und Bewertung von Rationalisierungsmaßnahmen im Produktionsbereich**
Von Jürgen Schilde. ISBN 3-540-11730-X.
1982, 158 Seiten mit 57 Abbildungen. 53.– DM

61 **Untersuchung von Verfahren der Reihenfolgeplanung und ihre Anwendung bei Fertigungszellen**
Von Mohamed Osman. ISBN 3-540-11747-4.
1982, 124 Seiten mit 32 Abbildungen und 3 Tabellen. 53.– DM

62 **Ein Simulationsmodell zur Planung gruppentechnologischer Fertigungszellen**
Von Volker Saak. ISBN 3-540-11747-4.
1982, 134 Seiten mit 53 Abbildungen. 53.– DM

63 **Verfahren zur technischen Investitionsplanung automatisierter Fertigungsanlagen**
Von Günter Vettin. ISBN 3-540-11747-4.
1982, 134 Seiten mit 63 Abbildungen. 53.– DM

64 **Pneumatische Sensoren zur prozeßsimultanen Messung des Werkzeugverschleißes und zur Kollisionsvermeidung beim Messerkopffräsen**
Von Wolfgang Jentner. ISBN 3-540-11747-4.
1982, 126 Seiten mit 47 Abbildungen und 6 Tabellen. 53.– DM

65 **Rechnerunterstützte Gestaltung ortsgebundener Montagearbeitsplätze, dargestellt am Beispiel kleinvolumiger Produkte**
Von Eberhard Haller. ISBN 3-540-12015-7.
1982, 130 Seiten mit 43 Abbildungen. 53.– DM

66 **Fernsehüberwachung von Schutzgasschweißvorgängen mit abschmelzender Elektrode MIG – MAG**
Von Ruprecht Niepold. ISBN 3-540-12181-7.
1983, 178 Seiten mit 73 Abbildungen und 5 Tabellen. 58.– DM

67 **Entwicklung flexibler Ordnungssysteme für die Automatisierung der Werkstückhandhabung in der Klein- und Mittelserienfertigung**
Von Karl Weiss. ISBN 3-540-12455-1.
1983, 116 Seiten mit 68 Abbildungen. 58.– DM

68 **Automatisierte Überwachungsverfahren für Fertigungseinrichtungen mit speicherprogrammierten Steuerungen**
Von Werner Eißler. ISBN 3-540-12456-X.
1983, 128 Seiten mit 66 Abbildungen. 58.– DM

69 **Prozeßüberwachung beim Galvanoformen**
Von Jürgen Wilhelm Böcker. ISBN 3-540-12457-8.
1983, 118 Seiten mit 32 Abbildungen. 58.– DM

70 **LAPEX – Ein rechnerunterstütztes Verfahren zur Betriebsmittelzuordnung**
Von Stephan Mayer. ISBN 3-540-12490-X.
1983, 162 Seiten mit 34 Abbildungen und 2 Tabellen. 58.– DM

71 **Gestaltung eines integrierten Produktionssystems für die Sortenfertigung unter Einsatz der Clusteranalyse**
Von Gerald Weber. ISBN 3-540-12650-3.
1983, 194 Seiten mit 54 Abbildungen. 58.– DM

72 **Gußputzen mit sensorgeführten, programmierbaren Handhabungsgeräten**
Von Eberhard Abele. ISBN 3-540-12651-1.
1983, 133 Seiten mit 66 Abbildungen. 58.– DM

73 **Untersuchungen zur Herstellung und zum Einsatz galvanogeformter Erodierelektroden**
Von Harald Müller. ISBN 3-540-12822-0.
1983, 148 Seiten mit 78 Abbildungen. 58.– DM

74 **Ein Beitrag zur Optimierung der Prozeßführungsstrategien automatisierter Förder- und Materialflußsysteme**
Von Hans Steffens. ISBN 3-540-12968-5.
1983, 161 Seiten mit 60 Abbildungen. 58.– DM

75 **Entwicklung eines Verfahrens zur wertmäßigen Bestimmung der Produktivität und Wirtschaftlichkeit von Personalentwicklungsmaßnahmen in Arbeitsstrukturen**
Von Christian Müller. ISBN 3-540-13041-1.
1983, 129 Seiten mit 34 Abbildungen. 58.– DM

76 **Berechnung der Gestaltänderung von Profilen infolge Strahlverschleiß**
Von Wolfgang Marx. ISBN 3-540-13054-3.
1983, 121 Seiten mit 58 Abbildungen. 58.– DM

77 **Algorithmen zur flexiblen Gestaltung der kurzfristigen Fertigungssteuerung**
Von Rudolf E. Scheiber. ISBN 3-540-13500-6.
1984, 150 Seiten mit 73 Abbildungen und 1 Tabelle. 63.– DM

78 **Galvanisieren mit moduliertem Strom**
Von Jürgen Wolfgang Mann. ISBN 3-540-13733-5.
1984, 145 Seiten und 58 Abbildungen. 63.– DM

79 **Fluoreszenzmeßverfahren zur Schmierfilmdickenmessung in Wälzlagern**
Von Wolfgang Schmutz. ISBN 3-540-13777-7.
1984, 141 Seiten und 66 Abbildungen. 63.– DM

IPA-IAO Forschung und Praxis

Berichte aus dem Fraunhofer-Institut für Produktionstechnik und
Automatisierung (IPA), Stuttgart, Fraunhofer-Institut für Arbeitswirtschaft
und Organisation (IAO), Stuttgart, und Institut für Industrielle Fertigung
und Fabrikbetrieb der Universität Stuttgart

Herausgeber: Prof. Dr.-Ing. H. J. Warnecke und Prof. Dr.-Ing. H.-J. Bullinger

80 **Flexibilität und Kapazität von Werkstückspeichersystemen**
Von Bernhard Graf. ISBN 3-540-13970-2.
1984, 115 Seiten mit 71 Abbildungen. — 63.– DM

T1 **Flexible Fertigungssysteme**
17. IPA-Arbeitstagung zusammen mit der 3. Internationalen Konferenz
„Flexible Manufacturing Systems (FMS-3)", ISBN 3-540-13807-2.
1984, 249 Seiten mit zahlreichen Abbildungen. — 118.– DM

T2 **Integrierte Bürosysteme**
3. IAO-Arbeitstagung. ISBN 3-540-13978-8.
1984, 633 Seiten mit zahlreichen Abbildungen. — 168.– DM

81 **Rechnerunterstützte Planung von Montageablaufstrukturen für Erzeugnisse der Serienfertigung**
Von Ernst-Dieter Ammer. ISBN 3-540-15056-0.
1985, 120 Seiten mit 1 Faltblatt und 33 Abbildungen. — 63.– DM

82 **Flexibilität von personalintensiven Montagesystemen bei Serienfertigung**
Von Heinrich Vähning. ISBN 3-540-15093-5.
1985, 152 Seiten mit 49 Abbildungen. — 63.– DM

83 **Ordnen von Werkstücken mit programmierbaren Handhabungsgeräten und Werkstückerkennungssensoren**
Von Ingo Schmidt. ISBN 3-540-15375-6.
1985, 111 Seiten mit 66 Abbildungen. — 63.– DM

84 **Systematische Investitionsplanung**
Von Jorge Moser. ISBN 3-540-15370-5.
1985, 190 Seiten mit 69 Abbildungen. — 63 – DM

T3 **Montage · Handhabung · Industrieroboter**
Internationaler MHI-Kongreß im Rahmen der Hannover-Messe '85. ISBN 3-540-15500-7.
1985, 267 Seiten mit zahlreichen Abbildungen. — 128.– DM

85 **Flexible Montagesysteme – Konzeption und Feinplanung durch Kombination von Elementen**
Von Peter Konold / Bernd Weller. ISBN 3-540-15606-2.
1985, 162 Seiten mit 71 Abbildungen und 9 Tabellen. — 63.– DM

T4 **Menschen · Arbeit · Neue Technologien**
4. IAO-Arbeitstagung zusammen mit der 2. Internationalen Konferenz
„Human Factors in Manufacturing". ISBN 3-540-15763-8.
1985, 442 Seiten mit zahlreichen Abbildungen. — 168.– DM

86 **Leitstandunterstützte kurzfristige Fertigungssteuerung bei Einzel- und Kleinserienfertigung**
Von Lothar Aldinger. ISBN 3-540-15903-7.
1985, 151 Seiten mit 49 Abbildungen und 2 Tabellen. — 63.– DM

87 **Bestimmen des Bürstenverhaltens anhand einer Einzelborste**
Von Klaus Przyklenk. ISBN 3-540-15956-8.
1985, 117 Seiten mit 74 Abbildungen. — 63.– DM

88 **Montage großvolumiger Produkte mit Industrierobotern**
Von Jörg Walther. ISBN 3-540-16027-2.
1985, 125 Seiten mit 58 Abbildungen. — 63.– DM

89 **Algorithmen und Verfahren zur Erstellung innerbetrieblicher Anordnungspläne**
Von Wilhelm Dangelmaier. ISBN 3-540-16144-9.
1986, 268 Seiten mit 79 Abbildungen. — 68.– DM

90 **Bewertung der Instandhaltung von Fertigungssystemen in der technischen Investitionsplanung**
Von Hagen U. Uetz. ISBN 3-540-16166-X.
1986, 129 Seiten mit 38 Abbildungen. — 68.– DM

91 **Entgraten durch Hochdruckwasserstrahlen**
Von Manfred Schlatter. ISBN 3-540-16172-4.
1986, 167 Seiten mit 89 Abbildungen und 18 Tabellen. — 68.– DM

92 **Werkstückorientierte Verfahrensauswahl zum Gußputzen mit Industrierobotern**
Von Wolfgang Sturz. ISBN 3-540-16224-0.
1986, 156 Seiten mit 59 Abbildungen. — 68.– DM

93 **Verfahren zur Verringerung von Modell-Mix-Verlusten in Fließmontagen**
Von Reinhard Koether. ISBN 3-540-16499-5.
1986, 175 Seiten mit 46 Abbildungen und 1 Tabelle. — 68.– DM

94 **Entwicklung und Einsatz eines interaktiven Verfahrens zur Leistungsabstimmung von Montagesystemen**
Von Günter Schad. ISBN 3-540-16978-4.
1986, 120 Seiten mit 31 Abbildungen und 1 Tabelle. — 68.– DM

95 **Qualifizierung an Industrierobotern**
Von Wolfgang Bachl. ISBN 3-540-17018-9.
1986, 218 Seiten mit 30 Abbildungen. 68,– DM

96 **Rechnersimulation des Beschichtungsprozesses beim Elektrotauchlackieren –
Anwendung zum Berechnen des Umgriffs**
Von Otto Baumgärtner. ISBN 3-540-17102-9.
1986, 113 Seiten mit 42 Abbildungen. 68,– DM

97 **Ergonomische Gestaltung von Rotationsstellteilen für grob- und sensomotorische Tätigkeiten**
Von Werner F. Muntzinger. ISBN 3-540-17247-5.
1986, 135 Seiten mit 51 Abbildungen und 33 Tabellen. 68,– DM

98 **Die optische Rauheitsmessung in der Qualitätstechnik**
Von R.-J. Ahlers. ISBN 3-540-17242-4.
1986, 133 Seiten mit 56 Abbildungen und 2 Tabellen. 68,– DM

99 **Maschinelle Spracherkennung zur Verbesserung der Mensch-Maschine-Schnittstelle**
Von Gerhard Rigoll. ISBN 3-540-17350-1.
1986, 134 Seiten mit 55 Abbildungen. 68,– DM

100 **Konzeption und Auswahl modularer Magazinpaletten**
Von Thomas Zipse. ISBN 3-540-17584-9.
1987, 126 Seiten mit 54 Abbildungen. 68,– DM

101 **Anschlüsse an Kupferrohre – Herstellung und Automatisierungsmöglichkeit**
Von Eberhard Rauschnabel. ISBN 3-540-17807-4.
1987, 120 Seiten mit 88 Abbildungen. 68,– DM

102 **Mengen- und ablauforientierte Kapazitätsplanung von Montagesystemen**
Von Hans Sauer. ISBN 3-540-17815-5.
1987, 156 Seiten mit 64 Abbildungen. 68,– DM

103 **Verfahrensinstrumentarium zur Werkstückauswahl und Auslegung von Industrieroboterschweißsystemen**
Von Herbert Gzik. ISBN 3-540-17928-3.
1987, 138 Seiten mit 56 Abbildungen. 68,– DM

104 **Integration von Förder- und Handhabungseinrichtungen**
Von Joachim Schuler. ISBN 3-540-17955-0.
1987, 153 Seiten mit 61 Abbildungen. 68,– DM

105 **Produktionsmengen- und -terminplanung bei mehrstufiger Linienfertigung**
Von H. Kühnle. ISBN 3-540-18038-9.
1987, 124 Seiten mit 25 Abbildungen. 68,– DM

106 **Untersuchung des Plasmaschneidens zum Gußputzen mit Industrierobotern**
Von Jong-Oh Park. ISBN 3-540-18037-0.
1987, 142 Seiten mit 70 Abbildungen. 68,– DM

107 **Fügen von biegeschlaffen Steckkontakten mit Industrierobotern**
Von Daegab Gweon. ISBN 3-540-18134-2.
1987, 115 Seiten mit 13 Abbildungen. 68,– DM

108 **Entwicklung eines biomechanischen Modells des Hand-Arm-Systems**
Von Georgios Tsotsis. ISBN 3-540-18135-0.
1987, 163 Seiten mit 45 Abbildungen. 68,– DM

109 **Ein Beitrag zur Planungssystematik für die automatisierte flexible Blechteilefertigung**
Von Thomas Weber. ISBN 3-540-18136-9.
1987, 149 Seiten mit 56 Abbildungen. 68,– DM

110 **Entwicklung eines Meßverfahrens zur Bestimmung des Positionier- und Orientierungsverhaltens
von Industrierobotern**
Von Günter Schiele. ISBN 3-540-18137-7.
1987, 116 Seiten mit 48 Abbildungen. 68,– DM

111 **Schwingungsbelastung beim Arbeiten mit handgeführten, einachsigen Motormähgeräten**
Von Peter Kern. ISBN 3-540-18193-8.
1987, 145 Seiten mit 43 Abbildungen und 5 Tabellen. 68,– DM

112 **Entwicklung eines berührungslosen Tastsystems für den Einsatz an Koordinatenmeßgeräten**
Von Hie-Sik Kim. ISBN 3-540-18578-X.
1987, 111 Seiten mit 62 Abbildungen und 4 Tabellen. 68,– DM

113 **Qualifizierung an Industrierobotern – Ziele, Inhalte und Methoden**
Von Volker Korndörfer. ISBN 3-540-18618-2.
1987, 318 Seiten mit 100 Abbildungen. 68,– DM

114 **Funktional und räumlich variables und modulares Laborgerätesystem**
Von Alfred Mack. ISBN 3-540-18786-3.
1988, 116 Seiten mit 39 Abbildungen. 73,– DM

115 **Produktrecycling im Maschinenbau**
Von Rolf Steinhilper. ISBN 3-540-18849-5.
1988, 167 Seiten mit 50 Abbildungen. 73,– DM

116 **Integration der montagegerechten Produktgestaltung in den Konstruktionsprozeß**
Von Rudolf Bäßler. ISBN 3-540-19058-9.
1988, 133 Seiten mit 49 Abbildungen. 73,– DM

117 **Ein Algorithmus zur kapazitätsorientierten Bildung von Losen**
Von Tilmann Greiner. ISBN 3-540-19300-6.
1988, 135 Seiten mit 37 Abbildungen. 73,– DM

118 **Kabelbaummontage mit Industrierobotern**
Von Gerd Schlaich. ISBN 3-540-19301-4.
1988, 131 Seiten mit 62 Abbildungen.   73,— DM

119 **Beitrag zur Verbesserung der Fertigungskostentransparenz bei Großserienfertigung mit Produktvielfalt**
Von Albrecht Köhler. ISBN 3-540-19393-6.
1988, 148 Seiten mit 72 Abbildungen.   73,— DM

120 **Entwicklungs- und Planungshilfen zum Aufbau von flexiblen Ordnungssystemen**
Von Rainer Schanz. ISBN 3-540-19394-4.
1988, 104 Seiten mit 48 Abbildungen.   73,— DM

121 **Bestücken von Leiterplatten mit Industrierobotern**
Von Ernst Wolf. ISBN 3-540-50013-8.
1988, 132 Seiten mit 63 Abbildungen.   73,— DM

122 **Verschleißvorgänge beim Querschneiden dünner Bahnen**
Von Thomas Hülsmann. ISBN 3-540-50049-9.
1988, 126 Seiten mit 47 Abbildungen und 5 Tabellen.   73,— DM

123 **Geometrieprüfung in der Fertigungsmeßtechnik mit bildverarbeitenden Systemen**
Von Claus P. Keferstein. ISBN 3-540-50050-2.
1988, 128 Seiten mit 53 Abbildungen.   73,— DM

124 **Modulares Simulationsmodell für die Abläufe in verketteten Fertigungszellen mit Industrierobotern**
Von Kum-Hoan Kuk. ISBN 3-540-50069-3.
1988, 130 Seiten mit 57 Abbildungen.   73,— DM

125 **Montage von Schläuchen mit Industrierobotern**
Von Bruno Frankenhauser. ISBN 3-540-50072-3.
1988, 139 Seiten mit 63 Abbildungen.   73,— DM

126 **Kommissioniersystem mit Roboter und Mehrstückgreifer**
Von Klaus Baumeister. ISBN 3-540-50133-9.
1988, 104 Seiten mit 53 Abbildungen.   73,— DM

127 **Sensorunterstütztes Programmierverfahren für das Entgraten mit Industrierobotern**
Von Dieter Boley. ISBN 3-540-50175-4.
1988, 128 Seiten mit 67 Abbildungen.   73,— DM

128 **Die Arbeitsraumgestaltung manueller Montagearbeitsplätze mit graphischen und wissensbasierten Methoden**
Von Klaus Lay. ISBN 3-540-50259-9.
1988, 129 Seiten mit 50 Abbildungen und 7 Tabellen.   73,— DM

129 **Automatisierung des Biegerichtens**
Von Stefan Thiel. ISBN 3-540-50432-X.
1988, 142 Seiten mit 57 Abbildungen und 5 Tabellen.   73,— DM

130 **Rechnergestützte Verfahren zur Auslegung der Mechanik von Industrierobotern**
Von Martin-Christoph Wanner. ISBN 3-540-50640-3.
1989, 202 Seiten mit 80 Abbildungen.   73,— DM

131 **Entwicklung eines bestandsorientierten Fertigungssteuerungssystems für die Großserienfertigung am Beispiel des Automobilbaus**
Von G. Hachtel. ISBN 3-540-50639-X.
1989, 163 Seiten mit 34 Abbildungen und 6 Tabellen.   73,— DM

132 **Ergonomische Gestaltung der Benutzerschnittstelle am Antriebssystem des Greifreifenrollstuhls**
Von Ludwig Traut. ISBN 3-540-50877-5.
1989, 210 Seiten mit 127 Abbildungen.   73,— DM

133 **Planung taktzeitoptimierter flexibler Montagestationen**
Von Joachim Schöninger. ISBN 3-540-50896-1.
1989, 122 Seiten mit 47 Abbildungen.   73,— DM

134 **Ein Modell für ein integriertes Qualitäts- und Prüfplanungssystem in der Montage**
Von Josef R. Kring. ISBN 3-540-51195-4.
1989, 140 Seiten mit 60 Abbildungen.   73,— DM

135 **Fertigungsstrukturierung auf der Basis von Teilefamilien**
Von Manfred Auch. ISBN 3-540-51290-X.
1989, 138 Seiten mit 34 Abbildungen.   73,— DM

136 **Kollisionsbehandlung als Grundbaustein eines modularen Industrieroboter-Off-line-Programmiersystems**
Von Andreas Altenhein. ISBN 3-540-51418-X.
1989, 129 Seiten mit 53 Abbildungen.   73,— DM

137 **Ein Beitrag zur Planung und Bewertung Neuer Arbeitsstrukturen in NE-Metallgießereien Dargestellt am Beispiel der Fertigungsinsel**
Von Horst Nespeta. ISBN 3-540-51419-8.
1989, 157 Seiten mit 58 Abbildungen.   73,— DM

138 **Verfahren zur Prüfung der Partikelkontamination in Versorgungssystemen für hochreine Flüssigkeiten**
Von Rolf Herz. ISBN 3-540-51457-0.
1989, 123 Seiten mit 61 Abbildungen.   73,— DM

139 **Messung gekrümmter Flächen mit berührungslosen Verfahren**
Von Leo Schreiber. ISBN 3-540-51493-7.
1989, 119 Seiten mit 72 Abbildungen.   73,— DM

140 **Automatisiertes Lackieren mit steuerbaren Spritzpistolen**
Von Konrad A. Ortlieb. ISBN 3-540-51518-6.
1989, 121 Seiten mit 45 Abbildungen.   73,— DM

141 **Grundlagen zur Entwicklung reinraumtauglicher Handhabungssysteme**
Von Jürgen Geißinger. ISBN 3-540-51959-9.
1989, 124 Seiten mit 82 Abbildungen.   73,– DM

142 **CAD-Video-Somatographie**
Entwicklung und Bewertung einer Methode zur anthropometrischen Arbeitsgestaltung
Von Dieter Lorenz. ISBN 3-540-52163-1.
1989, 169 Seiten mit 61 Abbildungen.   73,– DM

143 **Eine Systemarchitektur für die Gestaltung und das Management verteilter Informationssysteme**
Von Andreas J. Ness. ISBN 3-540-52224-7.
1990, 203 Seiten mit 62 Abbildungen.   78,– DM

144 **Untersuchungen über den optisch-physiologischen Eindruck der Oberflächenstruktur von Lackfilmen**
Von Horst Schene. ISBN 3-540-52226-3.
1990, 149 Seiten mit 106 Abbildungen.   78,– DM

145 **Planungsmethodik für ein Qualitätskostensystem**
Von Alfred Rauba. ISBN 3-540-52477-0.
1990, 166 Seiten mit 73 Abbildungen.   78,– DM

146 **Kleinserienbestückung von Leiterplatten mit bedrahteten Bauelementen durch Industrieroboter**
Von Martin Domm. ISBN 3-540-52867-9.
1990, 106 Seiten mit 48 Abbildungen.   78,– DM

147 **Sensor- und Steuerungssystem für die leitlinienlose Führung automatischer Flurförderzeuge**
Von Gerhard Drunk. ISBN 3-540-53033-9.
1990, 135 Seiten mit 52 Abbildungen.   78,– DM

148 **Ein System zur wissensbasierten Diagnose an CNC-Werkzeugmaschinen durch den Maschinenbediener**
Von Klaus-Peter Fähnrich. ISBN 3-540-53034-7.
1990, 132 Seiten mit 48 Abbildungen und 18 Tabellen.   78,– DM

149 **Werkstückbegleitender Informationsspeicher als Basis für ein informationstechnisches Konzept für Halbleiterfertigungen**
Von Klaus-Dieter Sauter. ISBN 3-540-53236-6.
1990, 115 Seiten mit 55 Abbildungen.   78,– DM

150 **Ein Planungsverfahren zur Erkennung und Bewältigung von Material- und Kapazitätsengpässen bei mehrstufiger Linienfertigung**
Von Ralf-Michael Fuchs. ISBN 3-540-53271-4.
1990, 176 Seiten mit 65 Abbildungen.   78,– DM

151 **Montage von Schrauben mit Industrierobotern**
Von Gernot E. Fischer. ISBN 3-540-53519-5.
1990, 97 Seiten mit 37 Abbildungen.   78,– DM

152 **Flächenorientierte Termin- und Kapazitätsplanung bei innerbetrieblicher Baustellenfertigung**
Von Rolf Schlauch. ISBN 3-540-53584-5.
1990, 130 Seiten mit 53 Abbildungen.   78,– DM

153 **Wissensbasierte Entscheidungsunterstützung bei der Auswahl von Industrierobotern**
Von Günter Jordan. ISBN 3-540-53744-9.
1991, 116 Seiten mit 49 Abbildungen.   78,– DM

154 **Simulationssystem für Fertigungsprozesse mit Stückgutcharakter**
Ein gegenstandsorientiertes System mit parametrisierter Netzwerkmodellierung
Von Bernd-Dietmar Becker. ISBN 3-540-53847-X.
1991, 162 Seiten mit 48 Abbildungen und 47 Tabellen.   78,– DM

155 **Algorithmen der Sprachverarbeitung zur Entwicklung eines vollsynthetischen Sprachausgabesystems**
Von Gerhard Rigoll. ISBN 3-540-53870-4.
1991, 321 Seiten mit 235 Abbildungen.   78,– DM

156 **Wissensbasierte CAD-Systemkomponente zum Entwurf montagegerechter Produkte**
Von Ralph Richter. ISBN 3-540-54725-8.
1991, 137 Seiten mit 56 Abbildungen.   78,– DM

157 **Heftschweißverfahren für das Lagefixieren von Werkstücken beim Schutzgasschweißen mit Industrierobotern**
Von Carsten Martin Claussen. ISBN 3-540-54951-X.
1991, 140 Seiten mit 43 Abbildungen.   78,– DM

158 **Ein Beitrag zur Meßdatenverarbeitung in der Koordinatenmeßtechnik**
Von Thomas Garbrecht. ISBN 3-540-55030-5.
1991, 135 Seiten mit 94 Abbildungen und 5 Tabellen.   78,– DM

159 **Ein Beitrag zur Planung und Optimierung der Verfahrensteilung in der Fertigung**
Von Hans - Peter Roth. ISBN 3-540-55113-1.
1992, 130 Seiten mit 50 Abbildungen.   78,– DM

160 **Flexible Montage von Leitungssätzen mit Industrierobotern**
Von Herbert H. Emmerich ISBN 3-540-55227-8.
1992, 135 Seiten mit 70 Abbildungen.   88,– DM

161 **Toleranzausgleichssysteme für Industrieroboter am Beispiel des feinwerktechnischen Bolzen-Loch-Problems**
Von Uwe Schweigert ISBN 3-540-55228-6.
1992, 119 Seiten mit 61 Abbildungen.   88,– DM

162 **Entwicklung eines interaktiven Simulators auf der Basis von Petri-Netzen zur Modellierung und Bewertung hybrider Montagestrukturen**
Von W. Schweizer ISBN 3-540-55229-4.
1992, 159 Seiten mit 76 Abbildungen.   88,– DM

163 **Entwicklung eines Verfahrens zur rechnerunterstützten Gestaltung verteilter Informationssysteme**
Von Friedemann Reim ISBN 3-540-55269-3.
1992, 151 Seiten mit 43 Abbildungen. 88,– DM

164 **EDV-gestützte Planungs- und Entscheidungshilfen zur Auslegung von Produktionsstrukturen mit strukturkostenoptimierten Dezentralen Verantwortungsbereichen**
Von Ulrich Hallwachs ISBN 3-540-55477-7.
1992, 186 Seiten mit 66 Abbildungen. 88,– DM

165 **Strömungstechnische Auslegung reinraumtauglicher Fertigungseinrichtungen**
Von Elmar Degenhart ISBN 3-540-55478-5.
1992, 137 Seiten mit 72 Abbildungen. 88,– DM

166 **Synthese und Simulation dreidimensionaler Hand-Arm-Bewegungen an manuellen Montagearbeitsplätzen**
Von Raimund Menges ISBN 3-540-55752-0.
1992, 215 Seiten mit 70 Abbildungen. 88,– DM

167 **Bewertung inhomogener fraktaler Strukturen und Skalenanalyse von Texturen**
Von Uwe Müssigmann ISBN 3-540-55796-2.
1992, 99 Seiten mit 43 Abbildungen. 88,– DM

168 **Ein Informationssystem für Instandhaltungsleitstellen**
Von Wilfried Sihn ISBN 3-540-55853-5.
1992, 167 Seiten mit 67 Abbildungen. 88,– DM

169 **Verfahren zum automatischen Palettieren von quaderförmigen Packstücken im beliebigen Sortenmix**
Von Walter Michael Strommer ISBN 3-540-55922-1.
1992, 105 Seiten mit 47 Abbildungen. 88,– DM

170 **Planung der Kinematik von Industrierobotersystemen zum Schutzgasschweißen im Schiffbau**
Von Wolfgang Utner ISBN 3-540-55923-X.
1992, 134 Seiten mit 31 Abbildungen und 3 Tabellen. 88,– DM

171 **Montage von Pressverbindungen mit Industrierobotern**
Von Günther Würtz ISBN 3-540-56300-8.
1992, 124 Seiten mit 55 Abbildungen. 88,– DM

172 **Rationalisierungspotential der montagegerechten Produktgestaltung bei der Montage mit Industrierobotern**
Von Thomas Schmaus ISBN 3-540-56400-4.
1992, 122 Seiten mit 55 Abbildungen. 88,– DM

173 **Erhöhung der Variantenflexibilität in Mehrmodell-Montagesystemen durch ein Verfahren zur Leistungsabstimmung**
Von Felix Fremerey ISBN 3-540-56549-3.
1993, 150 Seiten mit 38 Abbildungen und 6 Tabellen. 88,– DM

174 **Automatische Montage von O-Ringen**
Von Johannes F. Wößner ISBN 3-540-56657-0.
1993, 94 Seiten mit 43 Abbildungen. 88,– DM

175 **Systeme kombinierter multimodaler Mensch-Rechner-Interaktionen**
Von Karl-Heinz Hanne ISBN 3-540-56687-2.
1993, 131 Seiten mit 46 Abbildungen. 88,– DM

176 **Regelbasiertes Verfahren zur Montageablaufplanung in der Serienfertigung**
Von Klaus Thaler ISBN 3-540-56829-8.
1993, 132 Seiten mit 63 Abbildungen. 88,– DM

177 **Rechnergestütztes Bediensystem für einen Telemanipulator zur Sanierung von gemauerten Abwasserkanälen**
Von Kurt Alexander Schließmann ISBN 3-540-56875-1.
1993, 135 Seiten mit 57 Abbildungen und 7 Tabellen. 88,– DM

178 **Konturantastende und optoelektronische Koordinatenmeßgeräte für den industriellen Einsatz**
Von Wolfgang Rauh ISBN 3-540-56876-X.
1993, 124 Seiten mit 43 Abbildungen. 88,– DM

179 **Konzeption für ein Sensor- und Steuerungssystem zur automatischen Führung eines Walzenschrämladers entlang der Grenzlinie von Kohle und Nebengestein**
Von Stephan Matthias Forster ISBN 3-540-57159-0.
1993, 147 Seiten mit 63 Abbildungen. 88,– DM

180 **Ein dreidimensionales Bildverarbeitungssystem für die Automatisierung visueller Prüfvorgänge**
Von Jianzhong Lu ISBN 3-540-57160-4.
1993, 113 Seiten mit 45 Abbildungen und 2 Tabellen. 88,– DM

181 **Erschließung technischer und organisatorischer Potentiale durch die Komplettbearbeitung auf Drehmaschinen mit Hilfe der Teileanalyse**
Von Helmut Schaal ISBN 3-540-57212-0.
1993, 126 Seiten mit 42 Abbildungen und 2 Tabellen. 88,– DM

182 **Prüfverfahren zur Untersuchung der Partikelreinheit technischer Oberflächen**
Von Bernhard Klumpp ISBN 3-540-57302-X.
1993, 108 Seiten mit 50 Abbildungen. 88,– DM

183 **Automatisierung der Justage von Drehankerrelais**
Von G. Krüll ISBN 3-540-57303-8.
1993, 113 Seiten mit 59 Abbildungen. 88,– DM

184 **Prozeßstrukturen der chemischen Vernickelung**
Von Hans Gut ISBN 3-540-57304-6.
1993, 108 Seiten mit 37 Abbildungen und 5 Tabellen. 88,– DM

185 **Ein Verfahren zur Konstruktion anwendungoptimierter Ultraschallsensoren auf der Basis von Schallkanälen**
Von Achim Langen ISBN 3-540-57376-3.
1993, 140 Seiten mit 72 Abbildungen. 88,– DM

186 **Ein rechnerunterstütztes System für die technische Dokumentation und Übersetzung**
Von Renate Mayer ISBN 3-540-57409-3.
1993, 126 Seiten mit 59 Abbildungen. 88,– DM

187 **Theoretische und experimentelle Untersuchungen an dreidimensionalen Wirbelströmungen für industrielle Absauganlagen**
Von Wolf-Jürgen Denner ISBN 3-540-57410-7.
1993, 141 Seiten mit 78 Abbildungen und 10 Tabellen. 88,– DM

188 **Planungsmethodik für den Aufbau von Qualitätssicherungssystemen in kleinen und mittleren Produktionsunternehmen**
Von Rainer Hummel ISBN 3-540-57727-0.
1993, 221 Seiten mit 114 Abbildungen und 6 Tabellen. 88,– DM

189 **Plasmamodifikation von Kunststoffoberflächen zur Haftfestigkeitssteigerung von Metallschichten**
Von Dieter Andreas Mann ISBN 3-540-57745-9.
1994, 133 Seiten mit 83 Abbildungen und 6 Tabellen. 88,– DM

190 **Softwareentwicklung für speicherprogrammierbare Steuerungen im integrierten, rechnergestützten Konstruktionsprozeß**
Von Kornelius Hengel ISBN 3-540-57765-3.
1994, 133 Seiten mit 48 Abbildungen. 88,– DM

191 **Vorrichtungssysteme für die flexibel automatisierte Montage**
Von Armin Willy ISBN 3-540-57784-X.
1994, 121 Seiten mit 60 Abbildungen. 88,– DM

192 **Wissensbasiertes Selbstheilungs- und Diagnosesystem für CNC-Koordinatenmeßgeräte**
Von Wilhelm Steger ISBN 3-540-57829-3.
1994, 147 Seiten mit 79 Abbildungen. 88,– DM

193 **Modell für ein rechnerunterstütztes Qualitätssicherungssystem gemäß DIN ISO 9000 ff.**
Von Ulrich Lübbe ISBN 3-540-57831-5.
1994, 152 Seiten mit 59 Abbildungen. 88,– DM

194 **Vorgehenssystematik zum Prototyping graphisch-interaktiver Audio/Video-Schnittstellen**
Von Claus Görner ISBN 3-540-57886-2.
1994, 181 Seiten mit 66 Abbildungen. 88,– DM

195 **Bewertung von Rechnerinvestitionen durch den Vergleich von Wertschöpfungsketten**
Von Christian F. Mayer ISBN 3-540-57969-9.
1994, 144 Seiten mit 45 Abbildungen und 24 Tabellen. 88,– DM

196 **Ein Verfahren zur kostenorientierten Produktionsprogramm- und Kapazitätsplanung bei losweiser Montage**
Von J. Kurz ISBN 3-540-57971-0.
1994, 124 Seiten mit 26 Abbildungen und 3 Tabellen. 88,– DM

197 **Direktmontage von Leitungen mit Industrierobotern**
Von Stefan Koller ISBN 3-540-58224-X.
1994, 105 Seiten mit 52 Abbildungen. 88,– DM

198 **Eine objektorientierte Architektur für Leitstände zur Feinplanung**
Von Thomas Otterbein ISBN 3-540-58273-8.
1994, 183 Seiten mit 90 Abbildungen. 88,– DM

199 **Erhöhung der Fertigungssicherheit und -qualität beim Hochdruckwasserstrahlen durch den Einsatz von Sensoren**
Von Michael Knaupp ISBN 3-540-58440-4.
1994, 117 Seiten mit 101 Abbildungen. 88,– DM

200 **Verfahren zur Bewertung von Auftrags-Durchlaufzeiten in den indirekt-produktiven Bereichen von Maschinenbau-Unternehmen**
Von Robert Müller ISBN 3-540-58478-1.
1994, 152 Seiten mit 32 Abbildungen. 88,– DM

201 **Verfahrensprüfstand für das Bearbeiten mit Industrierobotern**
Von Peter Schlaich ISBN 3-540-58510-9.
1994, 114 Seiten mit 60 Abbildungen. 88,– DM

202 **Entwicklung und Optimierung von Prozeßkomponenten zur ionenunterstützten Abscheidung bei PVD-Verfahren**
Von Walter Olbrich ISBN 3-540-58511-7.
1994, 126 Seiten mit 62 Abbildungen und 7 Tabellen. 88,– DM

203 **Verfahren der Konturanalyse zur Automatisierung visueller Prüfvorgänge**
Von Knut Kille ISBN 3-540-58513-3.
1994, 105 Seiten mit 50 Abbildungen und 15 Tabellen. 88,– DM

204 **Verfahren zur Verbesserung der Ausfallsicherheit verteilter Informationssysteme**
Von Helmut Meitner ISBN 3-540-58623-7.
1995, 196 Seiten mit 54 Abbildungen und 13 Tabellen. 88,– DM

205 **Ein unscharfes Planungsverfahren zur mittelfristigen Personalkapazitätsanpassung für die bedarfsorientierte Serienproduktion**
Von Hans-Jürgen Braun ISBN 3-540-58819-1.
1995, 164 Seiten mit 40 Abbildungen und 10 Tabellen. 88,– DM

206 **Rechnergestützte Auslegungsverfahren für Großmanipulatoren mit Gelenkarmkinematik**
Von Werner Engeln ISBN 3-540-58871-X.
1995, 135 Seiten mit 52 Abbildungen und 18 Tabellen. 88,– DM

207 **Montagestrukturplanung für variantenreiche Serienprodukte**
Von Ulrich Zeile ISBN 3-540-58937-6.
1995, 122 Seiten mit 65 Abbildungen. — 88,– DM

208 **Entwicklung eines objektorientierten Informationssystems zur optimierten Werkstoffauswahl**
Von Dietmar R. Fischer ISBN 3-540-58938-4.
1995, 193 Seiten mit 37 Abbildungen und 14 Tabellen. — 88,– DM

209 **Entwicklung einer flexibel automatisierten Nähanlage**
Von Oliver Krockenberger ISBN 3-540-58939-2.
1995, 122 Seiten mit 75 Abbildungen. — 88,– DM

210 **Ultraschallbahnschweißen von Kunststoffteilen mit Industrierobotern**
Von Thomas Wagner ISBN 3-540-58940-6.
1995, 93 Seiten mit 37 Abbildungen. — 88,– DM

211 **Flexibel automatisierte Montage hochpoliger Rundkabel**
Von Ralf Cramer ISBN 3-540-58979-1.
1995, 116 Seiten mit 59 Abbildungen. — 88,– DM

212 **Automatische Reparatur elektronischer Baugruppen**
Von Thomas Leicht ISBN 3-540-59015-3.
1995, 99 Seiten mit 46 Abbildungen. — 88,– DM

213 **Montage von Schlauchschellen mit Industrierobotern**
Von Herbert Dreher ISBN 3-540-59035-8.
1995, 103 Seiten mit 63 Abbildungen. — 88,– DM

214 **Arbeitsprogrammgenerierung zum Schutzgasschweißen mit Industrierobotersystemen im Schiffbau**
Von Peter Schmid ISBN 3-540-59058-7.
1995, 131 Seiten mit 42 Abbildungen. — 88,– DM

215 **Flexible Demontage mit dem Industrieroboter am Beispiel von Fernsprech-Endgeräten**
Von Martin Kahmeyer ISBN 3-540-59390-X.
1995, 99 Seiten mit 52 Abbildungen. — 88,– DM

216 **Der logisch-pragmatische Gebrauch von Konditionalsätzen. Eine dialog-logische Analyse**
Von Antonius Jacobus Maria van Hoof ISBN 3-540-59463-9.
1995, 146 Seiten mit 65 Abbildungen. — 88,– DM

217 **Arbeits- und organisationspsychologische Interventionen bei der Einführung von Gruppenarbeit in dezentral ausgerichteten Fertigungsinseln**
Von Manfred Schlund ISBN 3-540-60012-4.
1995, 426 Seiten mit 24 Abbildungen und 29 Tabellen. — 88,– DM

218 **Herstellung geformter Schläuche mit Formdornen aus Formgedächtnislegierung**
Von Thomas Weisener ISBN 3-540-60019-1.
1995, 88 Seiten mit 48 Abbildungen. — 88,– DM

219 **Benutzerwerkzeuge an Fertigungssteuerungs-Leitständen**
Von Manfred Kroneberg ISBN 3-540-60096-5.
1995, 154 Seiten mit 84 Abbildungen. — 88,– DM

220 **Werkstattsteuerung mit genetischen Algorithmen und simulativer Bewertung**
Von Jörg Schulte ISBN 3-540-60281-X.
1995, 163 Seiten mit 55 Abbildungen und 7 Tabellen. — 88,– DM

221 **Ein Verfahren zur automatischen Generierung von softwareergonomisch gestalteten Benutzungsoberflächen**
Von Anette Weisbecker ISBN 3-540-60242-9.
1995, 140 Seiten mit 38 Abbildungen und 48 Tabellen. — 88,– DM

222 **Verfahren zur Reduzierung der Hand-Arm-Schwingungsbelastung an Trennschleifern**
Von Rainer Eckert ISBN 3-540-60282-8.
1995, 187 Seiten mit 80 Abbildungen und 23 Tabellen. — 88,– DM

223 **Individualisierbare heuristische Einplanung für rechnerbasierte Leitstände**
Von Andreas Huthmann ISBN 3-540-60424-3.
1995, 137 Seiten mit 74 Abbildungen. — 88,– DM

224 **Recycling von Wasserlackoverspray durch Elektrophorese**
Von Klaus Berewinkel ISBN 3-540-60519-3.
1996, 177 Seiten mit 75 Abbildungen. — 88,– DM

225 **Wissensbasierte Programmierung von Industrierobotern zum Schutzgasschweißen im Stahlhochbau**
Von Christoph Hartfuss ISBN 3-540-60661-0.
1996, 123 Seiten mit 48 Abbildungen. — 88,– DM

226 **Verfahren zur Gestaltung rechnergestützter Büroprozesse**
Von Michael Rathgeb ISBN 3-540-60660-2.
1996, 278 Seiten mit 69 Abbildungen. — 88,– DM

227 **Dialogentwicklung für objektorientierte, graphische Benutzungsschnittstellen**
Von Christian Janssen ISBN 3-540-60719-6.
1996, 154 Seiten mit 70 Abbildungen und 4 Tabellen. — 88,– DM

228 **Bewertung und Verbesserung der fertigungsgerechten Gestaltung von Blechwerkstücken**
Von Ulrich Abele ISBN 3-540-61019-7.
1996, 184 Seiten mit 72 Abbildungen. — 88,– DM

229 **Merkmalsbasierte Definition von Freiformgeometrien auf der Basis räumlicher Punktwolken**
Von Sabine Roth-Koch ISBN 3-540-61020-0.
1996, 145 Seiten mit 68 Abbildungen. — 88,– DM

230 **Fokussierung im Dialog: Aspekte der Fokusintonation im Deutschen**
Von Joachim Machate ISBN 3-540-61165-7.
1996, 155 Seiten mit 22 Abbildungen und 22 Tabellen. — 88,– DM

231 **Qualitätsgerechte Auslegung flexibler Produktionssysteme mit Hilfe von Simulation**
Von Egbert Englert ISBN 3-540-61277-7.
1996, 126 Seiten mit 60 Abbildungen.   88,– DM

232 **Projektierungsverfahren für technische Software dargestellt an wissensbasierten Systemen**
Von Eberhard Kurz ISBN 3-540-61426-5.
1996, 129 Seiten mit 57 Abbildungen.   88,– DM

233 **Typologie zur systematischen Gestaltung der Arbeitsorganisation für Flexible Fertigungssysteme**
Von Sabine Stephan ISBN 3-540-61465-6.
1996, 186 Seiten mit 39 Abbildungen und 63 Tabellen.   88,– DM

234 **Entwicklung eines Werkzeuges zum Störungsmanagement in der Produktionsregelung**
Von Rainer Bamberger ISBN 3-540-61515-6.
1996, 157 Seiten mit 92 Abbildungen.   88,– DM

235 **Ein Verfahren zur automatischen Generierung von Steuerprogrammen für Roboterfahrzeuge**
Von Joachim Müllerschön ISBN 3-540-61514-8.
1996, 140 Seiten mit 79 Abbildungen.   88,– DM

236 **Automatische Kalibrierung der koppelnden Ortung mobiler Plattformen**
Von Achim Merklinger ISBN 3-540-61632-2.
1996, 106 Seiten mit 36 Abbildungen und 25 Tabellen.   88,– DM

237 **Händigkeitsgerechte Gestaltung der Mensch-Maschine-Schnittstelle**
Von Martin Schmauder ISBN 3-540-61657-8.
1996, 141 Seiten mit 44 Abbildungen und 9 Tabellen.   88,– DM

238 **Ein simulationsgestütztes Verfahren zur Wirtschaftlichkeitsbestimmung von Fertigungsprozessen mit Stückgutcharakter**
Von Erhard Vollmer ISBN 3-540-62408-2.
1996, 111 Seiten mit 10 Abbildungen und 22 Tabellen.   88,– DM